冲过人生的险滩

张桓 编著

民主与建设出版社
·北京·

© 民主与建设出版社，2019

图书在版编目（CIP）数据

冲过人生的险滩 / 张桓编著 . -- 北京：民主与建设出版社，2018.12
ISBN 978-7-5139-2337-8

Ⅰ．①冲… Ⅱ．①张… Ⅲ．①成功心理 - 通俗读物 Ⅳ．① B848.4-49

中国版本图书馆 CIP 数据核字（2018）第 252016 号

冲过人生的险滩
CHONGGUO RENSHENG DE XIANTAN

出 版 人	李声笑
编　著	张桓
责任编辑	王颂
装帧设计	亿德隆文化
排版制作	亿德隆文化
出版发行	民主与建设出版社有限责任公司
电　话	（010）59417747　59419778
社　址	北京市海淀区西三环中路10号望海楼E座7层
邮　编	100142
印　刷	三河市天润建兴印务有限公司
版　次	2019年10月第1版
印　次	2019年10月第1次印刷
开　本	880mm×1230mm　1/32
印　张	8
字　数	130千字
书　号	ISBN 978-7-5139-2337-8
定　价	36.80元

注：如有印、装质量问题，请与出版社联系。

前言
PREFACE

给每个身处十字路口的人生行者

人生在世都有被冷言所谤、被暗箭所伤的时候,遇到令人厌烦的人和事要学会克制自己。学会了宽容,那就会种瓜得瓜,种豆得豆。生活告诉我们,无论是使用暴力,还是制造阴谋,斗争的结果多是两败俱伤。

人和人之间的交往最重要的是真诚,然而,当你的利益受到了别人的侵害,当你不愿公开的"秘密"无意间被人发现了,你会怎么办呢?我们可不可以学学怎样宽容他人?

宽容,可使你表现出良好的素养。生活中肚量最为重要,宽容乃是人类性格中最珍贵的组成部分。懂得宽容别人,自己处事就有了回旋的余地,不会轻易发脾气、闹情绪,当面跟别人起冲突。

韩琦是北宋三朝宰相,他性情深厚淳朴,心胸宽广,待人宽宏大量,人们尊称他为"韩公"。

韩琦任元帅时,有大量的事情需要处理,经常要秉烛工作。一天夜里,韩琦写信,让一士兵在一旁端蜡烛,士兵犯困,不小心让蜡烛烧到韩琦的胡子。韩琦随手用袖子将火扑灭,继续写信。

前 言
PREFACE

不一会儿,韩琦抬头看那士兵,发现已经换人了。韩琦担心士兵的长官责骂那名士兵,就急忙叫道:"不要换掉他,他现在已经懂得怎样持蜡烛了。"这件事成为军营中的佳话。

韩琦家里收藏有两只玉杯,做工非常精巧,堪称"稀世之宝"。韩琦十分喜欢这两只玉杯,茶余饭后,常常拿出来细细赏玩。

一天,一位朋友到韩琦家来玩,说想观赏观赏玉杯。韩琦忙叫一个仆人把玉杯取来放在桌子上,朋友看着玉杯赞赏不已。

就在这时,仆人不小心碰了一下桌子,两只玉杯一下子掉在地上,摔得粉碎,在场的所有人都惊呆了。

仆人吓得跪倒在地上,捧着玉杯的碎片,泪如雨下。可是,韩琦并没有责备仆人,而只是笑着对朋友说:"凡是物品都有毁坏的时候,只可惜玉杯坏了,大家再也不能赏玩了。"

说罢,他转身扶起仆人,说:"你只是偶然失手,并不是故意为之,我不会责怪你的。"

看到这一幕,所有的人都不由得对韩琦宽大

前言
PREFACE

的胸怀肃然起敬，朋友也激动地站起身，对韩琦抱拳说："韩公真是一个心胸宽广的人啊！"

不宽容别人会使我们吃很多苦头。许多人由于不能宽容别人，有时还为一点小事，甚至一句闲话，坐卧不宁、茶饭不思、情绪紊乱，甚至为一点点小事、一句闲话自杀的也大有人在。但是，一旦宽容别人之后，我们往往便会经历一次巨大的改变。

宽容，最重要的因素便是爱心，是宽容那些曾经伤害过我们的人。这不是一件容易的事，但是如果我们这样做了，我们会从中体验到我们的富有和强大。而当一个人能够宽容别人时，也必定能够宽容他自己。因为当人对自己充满自信之后，他无须去防御别人，就敢于正视自己的缺点。对一生中所遭受的不可避免的冲突和挫折具有必要的忍耐力，人们就能够积极地参加丰富多彩的活动，在活动中克服自己的弱点，使自己不断趋于完善。

了解了错误的潜在价值，人们就不会害怕错误，每当出现错误时，就不会感叹"真是的，又

前言
PREFACE

错了",而是会说"看这个,它能使我想做什么",然后就能利用这错误当作垫脚石,寻找解决问题的新途径。

一颗不能承受伤害的心灵是脆弱而难以生存的,一颗不能谅解伤害并宽容异己的心灵是狂暴而可怕的。因为仇恨不仅伤害别人,也折磨自己。宽容不仅是一个人、一个社会必要的德性,也是一种必不可少的生存智慧。

有了宽容,才不会与人产生争执,在紧要关头,作出一点让步,往往更有利于我们解决问题。如果一意孤行,不懂得让一步,原来的小问题可能就会成大矛盾。人们常说,忍一忍,让一让,大事可以化小,小事可以化了。所以,我们应该学会在适当的时候让一步。

只有学会宽容,才能学会让步,才能有足够的心力承担生活的重负。有宽容才会有和谐,有让步才会有顺利。当然不论是宽容还是让步都不是毫无原则,对人性的坚守以及对尊严的捍卫都要求我们能硬起心肠来,如此宽容和让步才能产生预期的效果。

目 录
CONTENTS

第一章
真正的修行是红尘炼心

001
- 拥有淡泊之心,便能拨云见蓝天 - 003
- 活得真实,才是美的人生 - 005
- 安之若素的快乐 - 006
- 帆不扬满,船便安 - 009
- 入世之人,有出世之心 - 011
- 人生极致,只是恰好 - 012
- 不恋过去,拥抱明天 - 014
- 宠辱不惊,恰到好处 - 017

第二章
把人生看成自己独一无二的创作

021
- 摘掉面具,露出真实的脸 - 023
- 恰如其分地把握自己 - 024
- 尽力而为,但放下我执 - 026
- 自信点亮内心之美 - 029
- 擦亮自己的心 - 031

从自信中寻找人生的幸福 - 032
坦承缺点，让人生更加轻盈 - 035
心中有他人，才能有天地 - 036

第三章
上善若水，容万物而不争

039 | 慈悲为怀，万物花开 - 041
爱人者人恒爱之 - 043
分享，让快乐加倍 - 046
君子成人之美，不成人之恶 - 048
别让自私毁了你 - 050

第四章
宽容他人，心中必定流淌愉悦

053 | 成大事者，胸怀大度 - 055
能容人处且容人 - 057

处事留余地，凡事莫做绝 - 060

让步才能进步，低头才能出头 - 063

别对自己太苛刻 - 064

宽恕为美，淡忘尤佳 - 066

天大地大，唯心能容 - 068

以德报怨，化敌为友 - 069

想得远才能走得远 - 071

静坐常思己过，闲谈莫论人非 - 073

第五章

磨难，让生命更有厚度

077

懂得感恩，收获好人缘 - 079

感恩让内心变得清澈 - 081

让感恩成为每天醒来的第一件事 - 084

失去了就好好告别 - 086

谢谢那些年的折磨 - 088

月有圆缺，此事古难全 - 089

第六章
放下仇恨，对世界温柔相待

093
远离仇恨，人生会快乐许多 - 095
不必拿别人的错误惩罚自己 - 097
对打击过你的人说声"谢谢" - 099
不念旧恶，不计前嫌 - 101
用爱化解仇恨 - 103
君子绝交，不出恶声 - 106
化抱怨为抱负，强大自己的内心 - 109
最神圣的复仇是宽容 - 111
防人之心不可无 - 114
以君子之心度小人之腹 - 119

第七章
天地万物之理，皆始于从容

123
不以物喜，不以己悲 - 125
如果受了伤，就喊一声"痛" - 128

忘却是心中的橡皮擦 - 130

泰然面对尘世中的苦与乐 - 134

凡事要看开，不要看透 - 136

人生最大的包袱不是拿不起，而是放不下 - 139

幸福是自己的，无须参照他人 - 141

第八章
生活中有所舍，就有所得

我们要的是水，不是装水的杯子 - 147

知足者仙境 - 150

人生需要断舍离 - 153

不为名利所困，心中则无牢笼 - 155

保持一颗平常心，拒诱惑于门外 - 158

是陷阱，不是馅饼 - 160

别被欲望牵着走 - 166

谁能多看几步，谁就笑到最后 - 168

第九章
轻易不发脾气,做一个快乐聪明的自己

173
咽下怨气,理智争气不生气 - 175
学会正确表达愤怒,不要一味隐忍 - 177
君子有所怒,有所不怒 - 179
理直也要气和 - 181
争吵无胜者 - 184
理智与情感 - 187
按下情绪的慢放键,让生活不慌不忙 - 189

第十章
不论顺境逆境,都是对我们最好的安排

193
过去痛苦的磨砺,成就今天的锋芒 - 195
快乐未必长久,悲伤皆有尽头 - 198
成长路上多磨难 - 200
直面人生的惨淡 - 203
把挫折当成"垫脚石" - 205
使你痛苦的,必使你强大 - 208
世界如此美好,何必自寻烦恼 - 211

第十一章
路有多难，就有多勇敢

平和心态驾驭生命 - 219

打开"心窗"，让心灵的空间豁然开朗 - 221

先处理心情，再处理事情 - 224

戒骄戒躁，走稳每一步 - 227

纯真是心灵美的极致 - 230

闯过生命的难关 - 232

换种心境，换一种生活 - 235

怎么快乐怎么来 - 238

勇敢地背负人生前行 - 240

第一章

真正的修行是红尘炼心

拥有淡泊之心，便能拨云见蓝天

人生在天地间，有七情六欲是很正常的事情。欲望本身并不是坏事，而只是我们本性的一种表达。真正有害的，是被欲望牵着鼻子走，罪在无休止的欲望。大禹的父亲治水时采用"堵"的方法，反倒让水患越来越严重。而大禹采用疏导的方法，彻底解决了水患。人身体中的欲望，就像是需要疏通而不是去拥堵的水患一样，要以合理的眼光去看待这件事情，要对自己正常的欲望加以引导，比如饿了就要吃饭，冷了就要多加衣服，而不是不论饥饱，一见到山珍海味就胡吃海塞，最后就只有一个结果——把自己的身体吃垮。

因此，人应该学会掌控自己的欲望，而不是被欲望掌控。欲望就像雨水，适当的雨水可以灌溉庄稼，获得丰收，雨水多了，则会泛滥成灾。我们之所以活得累，就是因为把欲望误认为需要，使自己疲于奔命，越陷越深。

站在城市的某个角落，我们看到的都是行色匆匆的人群。房子、车子、票子……似乎每一样都具有难以抗拒的魔力。于是，大多数人的人生都被物质塞得满满的，精神上感觉也如同上了枷锁一般沉重。于是，越来越多的脚步变得沉重，甚至不堪重负。

当不断增加的建筑，占据了我们的生活空间；不断增多的欲望，占据了我们的内心；当人们习惯于时刻仰望那些被光环笼罩的人和物时，似乎无可选择——我们只能不断地追逐。于是，我们都期盼站在人生的巅峰，俯视整个世界；期盼每一个掌声、每一次嘉许，或者每一叠崭新的人民币。

繁华遮眼，梦想的翅膀无法承受过多的物质欲望。刹那芳华，转瞬即逝。当我们汲汲于富贵功名时，那些最真、最善、最美的平凡，却恰恰被忽略。其实，真正的力量，来源于我们平淡的生活；真正的感动，存在于我们早已习惯的每个细节之中。

融合了酸甜苦辣的人生百味，才是人生的至味。

人的一生十之八九都在平淡中度过，平淡是我们生活中最主要的角色。

平淡，不是淡而无味的度日，不是不求进取的浑噩，而是一种至高的人生境界。平淡，是绚烂的极致，正如大爱无声一般，沁人心脾。

贪婪、懦弱，甚至虚荣，都不是人性中最大的弱点，而对于完美的追求，则是人痛苦的根源。前者只是让一部分人痛苦，后者几乎让所有人痛苦。人世间的许多悲剧，正是因为太多人追求原本就不存在的最完美的树叶而忽视平淡的生活造成的。其实，平淡中往往蕴藏着许多伟大与神奇，关键是你应该以什么样的心态去体味。

苏东坡说过："大凡为文，当使气象峥嵘，五色绚烂，渐老渐熟，乃造平淡。"

"老熟"包含的不仅是为文之道，也有人生阅历在里面。人年轻的时候很难平淡，如赶路的行者一般，只顾向着目标前进，而旁人的言论亦会左右他们的方向，影响他们的心境，直到攀上了顶峰，才有时间和心思考虑一路上的风景，一路上的奔波，生出一种淡然的心境。所以，平淡更是一种胸怀。

人生的大戏不可能永远处于高潮，平平淡淡才是真。拥有淡泊之心，便能拨云见日，体会到生活的真正内涵。否则，只能在生活的边缘徘徊，只能是舍本逐末。

平淡，不是消极地生活，而是一种百转千折后的从容。当每天第一缕阳光的温暖透过窗户唤醒了你，这就是上帝赐予你最美好的礼物。就在此刻，何不让疲惫的心灵在晨曦中轻轻地吟唱，让劳役般的身躯获得暂时的释放；于平淡之中，感受爱与被爱的幸福，体会花开花落的宁静？

活得真实，才是美的人生

走在人生的路上，我们花费了过多的时间去打量这个繁华的世界，却很少有人真诚地审视自己。生活中，太多人因为他人的得失或喜或悲，太多人因为外界的变迁不断抱怨。其实，与其如此倒不如把这些时间真正留给自己！世界上没有两片完全相同的树叶，人也一样。我们唯一能做的，就是要正确认识自己，既看到自己的长处，也认识到自己的不足，给自己正确定位，这样才能自信地迎接机遇与挑战，给自己创造更多的成功和欢乐。我们一定要相信，天生我材必有用，只要我们正确认识自己，不失自知之明，就能谱写出属于自己的人生华美乐章。

生活中有很多人，他们终生过着化装舞会式的生活，他们戴上各种面具，希望避开他人的责难。他们把真实的自我深锁在面具之后，把它当作令自己害怕的黑暗秘密。他们脸上所戴的面具，使自己远离了真实的生活。

其实，人生苦短，何必要给自己戴上面具，力求表现完美呢？要知道，美绝对不是伪装，而是真实的释放。摘下面具，也就抛开了所谓的负担。在生活中，用面具来掩饰自己的真面目，所承受的痛苦更令人难以忍受。因为戴上面具之后，我们就必须为了这个虚伪的东西，使本不完美的自己力求完美。所以说，为了痛痛快快地享受生活，我们还是应该摘下面具，保持自己真实的一面，让真实的自己散发出独特的魅力。

也许你是一位成功人士，事业有成，家庭幸福。可是有一天，一阵莫名的空虚突然侵袭了你，你瞬间感到自己无所依傍，从前所追求的一切一刹那都失去了价值。你就会忍不住扪心自问："我到底怎么了？"

也许你一直平平淡淡，毫不引人注目，平庸麻木的生活早已消磨掉你的意气和志向。然而，当你看到那些衣着光鲜亮丽的成功人士时，依然会心存茫然。你也会忍不住问自己："我到底怎么了？"

正是对于自我的追寻，才使你拨云见日，看到真正的自我，使生活充满价值。当这种力量足够大时，甚至会改变你的一生。

现实在粉碎我们理想的同时，也粉碎了我们对自己的梦。然而只要我们能接受真实的自己，客观地对待自己，我们就能走向幸福。

安之若素的快乐

每个人的人生轨迹都是完全不同的，相同的只是组成这些轨迹的起起伏伏、坎坎坷坷。生活因多彩而迷人，而多彩的内涵是极其丰富的：悲喜交加，成败相随。

其实，哭过，悲伤过，痛苦过，那么就应该拾起生活的信心重新上路，生活总归还是要继续的。既已发生就让它在生活中沉淀，就让它在泪眼中溶解，就让它被时间抛在身后。发生的就让它默默发生，失去的就让它轻轻失去，离开的就让它静静离开，过去的就让它安然地过去。做人不要太执着太在意，凡事洒脱一些，乐观一些，应该懂得珍惜眼前和将来的幸福，不要为那些痛苦的事情而耽误了自己的生活，不要为那些痛苦的事情而失去更多的快乐。佛经中有这样一句话："当你为一个人在佛前求了一千年的时候，还有另一个人同样在佛前为你求了两千年。"执着于那些错过的东西，你将错过更多幸福的东西。

"宠辱不惊，看庭前花开花落；去留无意，望天外云卷云舒"。拥有这种不以物喜、不以己悲的心境，会使人生具有一种能屈能伸的弹性。而这种弹性，不但会让你的人生安顿，也会帮助你在挫折中寻得再放光芒的机会。

我们每天都生活在得与失里，有得就必有失。人生是无常的，一切的名与利都不是一成不变的，关键在于我们要调整好心态。当我们得到时，要好好珍惜；失去时，要懂得看破及放下。其实，当我们失去时，往往也能从中吸取经验及得到启示，让我们更好地成长，正所谓"经一事，长一智"。

不仅仅是爱情，生活中还有很多美好的情感，充满了我们的生命。而在我们的生活中，也充满了荆棘。但这些都是生活的必然，重要的是我们该以怎样的心态去面对。

春风得意时大可一日看尽长安花，闲云野鹤之时也能独对敬亭山；飞黄腾达时意气风发、锐不可当，落魄潦倒时亦能心平气和、宠辱不惊。这是一种大智慧，是台上台下都自在的坚韧，是宠辱不惊的淡然和洒脱，是能屈能伸的弹性。佛家劝人安于平淡，其实隐藏了极深的人生处世智慧。对一个明白佛理的人来说，能放下他人所不能放下的一切，是免去人生诸多烦恼的第一步。

从变幻的角度来看，世上任何东西都不过是过眼烟云。但是，从不变的角度来看，一切存在都是造物主的恩赐！那么，亲爱的朋友，我们为什么不能保持一颗平常心，从容面对生活中的得失呢？

现实中，有的人一旦得到了上司的提升和信任，便备受鼓舞，恨不得使出浑身解数，兴奋难掩骄傲之神色！这固然很好，可是有朝一日，人事变动或者旁生枝节，大部分人大概就难以忍受失去舞台的落寞，选择向隅而泣，日渐消沉，哀叹命运不公，感慨自己时乖命蹇，最后成为一个愤世嫉俗者，以致一事无成。

坦然面对人生的变故和际遇的起伏，心平气和地应对各种大大小小的角色，那么，处处都是舞台，处处都有精彩。天道无私，有一得必有一失，所以奉劝朋友们莫说人生得失，倘若不认为得失事关重大，又何必去计较太多。

要有好心情，就要有平常心。在追求个人价值时不执意苛刻，不为名利地位所诱，不为欲壑难填而痴狂，不为遭遇挫折而沮丧，不为壮志难酬而伤感。有了心静神安的境界和淡泊名利的情操，就能唤起我们体味美好的心境。

人生中有一道又一道的门槛，等待着我们去跨越；有一个又一个寻常的日子，等待着我们用生命的花朵去点染、去簇拥。

保持一颗淡然的心，无论是含笑抑或含泪的每一天，都将镌刻下我们深深浅浅的人生轨迹。

帆不扬满，船便安

人这一生，要经过很多事，见过很多东西，也要面临很多选择，我们不能肯定自己的选择每次都是对的，但在选择之前，我们一定要问问自己，哪条路才是最适合自己的，哪种选择才能不偏离自己的目标，离自己的目标更近？

人们对事物的认识和所要掌握的知识、技能是无限的，而一个人无论多么聪明、多么有才华，他的知识和本领也是非常有限的；一个人无论经验多么丰富，在错综复杂的客观环境面前，认识和处理也难免会有失误。古人云："帆只扬五分，船便安；水只注五分，器便稳。"虚心，能使我们保持头脑的冷静和思索的敏锐，最大限度地了解困难和不利条件，为整体成功创造有利因素。虚心，能使我们具有涵养和修养，为顺利打通成功之路创造条件；能使我们具备丰富的知识，保持不断进取的坚韧精神。

狂妄与无知常常联系在一起。俗话说："鼓空声高，人狂话大。"凡是狂妄的人，都过高地估计自己，过低地评价别人。他们口头上无所不能，评人论事谁也看不起，总是这个不行，那个不行，只有自己最行；在他们眼里，自己好比一朵花，别人都是豆腐渣。例如，有的人读了几本书，就以为才高八斗，学富五车，无人可比，现时的文学大家、科学巨匠统统都不在话下；有的人学了几套拳脚，就自以为武艺高强，身怀绝技，到处称雄,颇有打遍天下无敌手的气势;有的人演过一两部电影,就自以为演技超群,名扬四海,俨然是当代影视圈中最耀眼的明星……狂妄的结局只能是自毁和失败。

因得意而失态,因得意而失败。即便我们成功在握,也应该虚心以待。虚心是在坚信自己力量时表现出的宽广胸怀。虚怀若谷的人,往往是知识渊博、成功系数最大的人。表面上的谦卑,受制于环境的虚心,这是无益于成功的。因此,虚心是成功的第一块基石。唯有真正的虚心,才是成功的条件。

一个能够在一切事情与他相背时微笑的人,表明他是胜利的候选者,而这是普通人不能够做到的。学会在逆境中微笑,你的人生将从微笑中汲取养分,一点点地发生改变!

在你感觉到忧郁、失望时,当你努力改变环境时,不要反复想到你的不幸,不要多想目前使你痛苦的事情,要想那些最愉快、最欣喜的事情,要以最宽厚、最亲切的心情对待人,要说那些最和蔼、最有趣的话,要以最大的努力来抚平悲伤。

把失意在数分钟之内驱逐出心田,这对于一个精神状态良好的人来说是完全可能的。但是,大多数人的缺点就在不肯敞开心扉,让愉快、希望、乐观的阳光照进来,相反却是紧闭心门,想以内在的能力驱除黑暗。他们不知道一缕阳光的射入会立刻消除黑暗,驱除那些只能在黑暗中生存的心魔!

在格里米战役的一次战事中,一颗炮弹把战区里一座美丽的花坛炸毁了。但是在被炮火所炸开的泥缝中,却忽然出现一道泉水在喷射。从此以后,这儿就成了一个永久不息的喷泉。同理,不幸与忧苦也能将我们的心灵炸破。但在那炸开的裂缝中,同样也会有丰富的经验、新鲜的欢愉奔腾不息地喷射出来!

有许多人不到穷困潦倒之时，就不会发现自己的力量。灾祸的磨难反而能帮助我们发现自己，一切困苦和阻碍仿佛是将我们的生命炼成美好的铁锤与斧头。正是不断出现的失意，才使一个人变得坚强、变得无敌。

所谓失意，不过是大海里的一些浪花。如果你想体验到惊涛骇浪的壮美，你就得投身大海，乘风破浪去搏击。因此，在经历了种种打击和挫折后，我们应该对那些失败满怀敬意与感激。如果没有失败的磨砺，我们又怎会珍惜自己的所得？

入世之人，有出世之心

人们常说：以入世之态度做事，以出世之态度做人。这里的"出世"就是平常心，"入世"就是进取心。这两句话的意思是说：做人要有平常心，要有一种超然的态度；做事要有进取心，不管做什么事，或想做什么事，都要有一种见贤思齐、知难而进、奋发向上的积极心态。

都说要保持平常心，究竟什么是平常心呢？有些人将平常心理解为"无所谓""玩一玩""随他去"的心态，这显然是对平常心消极、错误的理解。平常心是基于对人生的深刻思考后，持有的对生活的一种淡定的态度，这种淡定需要有底蕴和自信，既不清心寡欲，也不声色犬马；既不自命清高，也不妄自菲薄；既不吹毛求疵，也不委曲求全。

平常心是一个人取得成功的必备品质之一，不管你现在多么成功，都要保持一颗平常心。一个人如果具备平和的心态，就能够经得起顺境与逆境的考验，得意时不忘形，失意时不放弃。

拥有平常心的人，沉着冷静、脾气温和，似乎已超越世俗纷争，轻易不与人争斗，但也不会轻易放弃自己的理想。他们生活态度积极，乐观向上，为人处事低调，平和风趣，与之相处，是一种乐趣。平常心是他们拥有幸福快乐的法宝。

平常心可以让我们生活得平静安详，而进取心则是一个人取得成功的基础，也是一个人成就梦想的动力。

进取，是一种永不停顿的满足，是一种创造。拥有进取心的人不会轻易接受命运的安排。他们不沉迷于过去，不满足于现在，而是着眼于未来。这类人没有悲观、绝望的心态，而是坚强、勤奋、无畏，勇敢地与命运抗争。一个有着进取心的人，命运也会向他低头，他将超越平庸、超越自我。进取是一种对人生的热爱，对生活的激情，而其基点就在于对人生价值的理解。

平常心做人，进取心做事。平常心是进取心的前提和基础；进取心则是平常心的延伸和体现。只有做到了这一点，我们才能享受生活、工作为我们带来的成功与快乐。以平常心做人，以进取心做事，这既是做人与做事的标准，也是做人与做事的诀窍。

只有当我们拥有了一种平和而又不失进取的心时，我们才能够在这个复杂的社会中找到坚持，在芸芸众生中找到自我，努力争取实现心中的理想。只有这样，我们才能感受到生活、工作、奋斗为我们带来的成功与快乐。

人生极致，只是恰好

简单、平和的心态，对于有志成就大事的人是必不可少的。

第一章
真正的修行是红尘炼心

以一颗平常心对待所遇世事，自然会少了许多烦恼。平常心可以抵挡许多不良情绪，比如傲慢、骄横、自大等。

世界上没有复杂的事情，只有复杂的心灵和黑洞般没有边际、不知深浅的欲望。这就像一棵树，盯着看是许多的枝，枝上是无数的叶。再从远处看，它只是一棵树而已。生活中的一切都是可以化繁为简的，从大局着眼就可以去除繁芜，露出简单轮廓，就如同所有正误判断问题都只有两个答案：对或者错。

简单是一种积极、乐观、向上的生活态度：对就对了，错就错了；爱就爱了，恨就恨了；笑就笑了，哭就哭了。简单就是要学会舍弃。这也要，那也想，须知我们的双肩载不动那么多欲望，如同小鸟的翅膀背负了太多的重物就飞不起来一样。

人的一生似乎都在寻寻觅觅，寻找永恒不变的幸福，寻找功盖千秋的成功。人们为此终日劳苦，行色匆匆。然而对于很多人来讲，也许到了生命弥留之际，都找不到自己想要找的东西。其实，非凡的人生源于简单的生活。当生活真正简化，你就会有时间和精力从事喜欢的工作，并为之奋斗。

想从喧嚣烦扰的尘世中解脱，或许只有对生活化繁为简，并以简单透彻的心态面对人生。古人云："文章做到极处，无有他奇，只是恰好；人品做到极处，无有他异，只是本然。"人类的伟大就隐藏在很多平凡的小事中，当你为追寻崇高而不屑平凡时，你也许已经将你身上的某些崇高品质丢弃了。

也许，你没有辉煌的业绩可以炫耀，没有大把的钞票可以挥霍，但你拥有一份淡泊、一份简单，这是人生求之难得的幸福。诸葛亮有言："非淡泊无以明志，非宁静无以致远。"淡泊是一种真我。

人生其实可以很简单：原来获得赏识很简单，养成好习惯就可以了；原来培养孩子很简单，让他吃点苦头就可以了；原来掌握命运的方法很简单，远离懒惰就可以了；原来脱离沉重的负荷很简单，放弃固执成见就可以了；原来快乐很简单，欲望少一点就可以了……

天地有大美，于简单处得；人生有大疲惫，在复杂处藏；生活中有大情趣，一定是日子很简单；生命中的大愉悦，一定是心灵纯净不复杂。

不恋过去，拥抱明天

当生活变得郁闷难受的时候，当警报把你推向万丈深渊和无限烦恼的时候，你便十分渴望逃避令人难以忍受的现实，这是很自然的事情。于是，你开始做白日梦，回忆起过去某一段终生难忘的时光，那时的生活似乎没有现在这么复杂。

诸如此类的暂时性逃避，在解除我们的精神紧张方面也许很有益处。但是，持续不断地靠怀念过去来逃避现实，逃入往事的回忆之中，却是一种无益的习惯，其结果往往是使人逃避成熟的思考，而进入一种虚无缥缈的幻想境界。

总是沉湎于过去的人，不是聪明的人。现实生活越有不如意之处，这种人对"过去的大好时光"怀念得越厉害，对那些日子构想得越虚幻。如果这种习惯变成一种固定的模式，我们的思想可能就会常常虚妄不实，所以会感到孤单、寂寞。要想摆脱这种孤单和寂寞，最好的办法就是将你的过去留在记忆里，重新开始自己新的生活。

应该说，一个人适当怀旧是正常的，也是必要的，但是一味地沉湎于过去而否认现在和将来，就会陷入病态。患了这种"怀旧病"的人，会丧失追寻新生活的自信。我们常听到人们如此哀叹：要是如何如何就好了！这是一种明显的怀旧情绪，而且我们每个人都会不时地发出这种哀叹。事实上，抱着这种沉重的情绪是徒劳无益的，它不但不能改变你的过去，反而会影响你现在所做的一切。

那么，怎样做才能让自己避免患上"怀旧病"呢？最重要的一种方法就是转变重点，用振奋的词句取代那些令人退缩的泄气话。比如不要再用"如果、只要"，而用"下次"来代替。因为"如果、只要"的态度只能使人迟钝而不能使人振奋，而"下次"却表示对时间积极的、勇敢的出击态度。只要排除"如果、只要"的观念，采取"下次"的看法，你就会有把事情做到最好的能力，而且不论什么挫折都不能阻碍你的前进。

做完每一天的事，就让这一天过去吧！你已经尽力了。当然你可能会有一些错误的、荒诞的事，但不要总是怀念过去的事，要尽快地把这些事忘掉。明天又是新的一天，好好地、安详地，并且以不为过去无聊的事所阻碍的极高的精神来开始这一天，这新的一天才是最好、最美的一天。这一天带着希望和新的事物，真是太宝贵了，因此你连一刻都不可以浪费。以前的事情或许是美好的，或许是悲哀的，但无论如何你都不能把它们放在心灵的主祭台上，因为你不可能走进历史。

我们每一个人都应当谨记：昨天就像使用过的支票，明天则像还没有发行的债券，只有今天是现金，可以马上使用。今天是我们轻易就可以拥有的财富，无度的挥霍和无端的错过，都是对生命的一种浪费。

古希腊诗人荷马曾经说过:"过去的事已经过去,过去的事无法挽回。"的确,无论昨日的阳光有多美,对于今天都已是无益。我们又为什么不好好把握现在,珍惜此时此刻的拥有呢?为什么要把大好的时光浪费在对过去的悔恨之中呢?

这世上再没有什么能比今天更真实了。即使能回到从前,也会有太多的遗憾,就像一个早已愈合了的伤口,又被我们重新揭起。那些我们无法改变的事实,那些我们无力填补的空白,都是因为我们当初错过了"今天"的结果。或许,回不到从前,那声啼哭才更具撼人心魄的力量;或许,回不到从前,那段逝去的童年才会更令人神往;或许,回不到从前,那场没有结果的初恋才能成为你生命之树上的永恒花朵;或许,回不到从前,那次没有任何征兆的错误才成为你今天改正的动力……

不要回避今天的真实与琐碎,走脚下的路,唱心底的歌,把头顶的阳光编织成五彩的云裳,遮挡风霜雨雪。每一个日子都向人们敞开,让花朵与微笑回归你疲惫的心灵,让欢乐成为今天的中心。如果有荆棘刺破你匆匆的脚步,那也是今天最真实的痛苦。

人一留恋过去,麻烦就大了。本来简单的事搞得复杂,本来复杂的事搞得更复杂。应该这样:不以过去为然,但也不以过去为耻!佛陀讲"过去心不可得",是说过去已失,绝不会再现。人生中有一些极美、极珍贵的东西,如果不好好留心和把握,便会失之交臂,甚至一生难得再遇、再求。千万不要在不经意间错过可能是你一生最重要的东西。

用自己的手拂去昨天的狂热与沉寂,用自己的手迎接明天的春风与霞辉，但一定要用自己的手握住今天的沉重与轻松。希望你能面带微笑正视今天，把迎风而舞的好心情留在今天，把若隐若现的阴影也留给今天。

宠辱不惊，恰到好处

明代号为还初道人的洪应明在《菜根谭》中有一则流传甚广的联语："宠辱不惊，闲看庭前花开花落；去留无意，漫随天外云卷云舒。"清朝的金缨在《格言联璧》中曾作出"得意淡然，失意泰然"的精辟评述。无疑，他们是想告诉人们不要看重名利，用平静的心去对待一切事物，这样可以活得心态平和。

我们的生活如同一次漫漫的旅程，终点是相同的，不同的是一路的风景。有些人过于流连路途上的美景，在失去时难免失落伤怀；有些人整天埋怨自己的路途平淡无奇，难以释怀。其实生活本身很简单，只要你能在闻达时不要过分欢喜，在落魄时不要过于悲伤，从容看待这世界的沉沉浮浮便可。

有个人一生碌碌无为，穷困潦倒。一天夜里，他实在没有活下去的勇气了，就来到一处悬崖边。准备跳崖自尽前，他号啕大哭，细数自己遭遇的种种失败挫折。

崖边岩石上生有一株低矮的树，听到这个人的种种经历，也不觉流下眼泪。人见树流泪，就问道："看你流泪，难道你也同我有相似的不幸吗？"

树说："我怕是这世界上最苦命的树了。你看我，生在这岩石的缝隙之间，食无土壤，渴无水源，终年营养不足，形貌丑陋，风来欲坠，寒来欲僵，生不如死呀。"

人不禁与树同病相怜，说："既然如此，为何还要苟活于世，不如随我一同赴死吧！"

树说："我死倒是极其容易，但这崖边便再无其他的树了。你看到我头上这个鸟巢没有？此巢为两只喜鹊所筑，一直以来，它们在这巢里栖息生活，繁衍后代。我要是不在了，那两只喜鹊可咋办呢？"

人听罢，忽有所悟，就从悬崖边退了回去。

平和的心态会在关键处给人力量。用平和的心态来对人对事，会想得开，不斤斤计较，不计较生活中的得失。淡泊平和，就会拥有一份好的心情，一份好的心境。孔子说过："仁者不忧，智者不惑，勇者不惧。"这句话告诉我们，一个人如果太在乎得失，就不会有开阔的心胸，不会有坦然的心境，也不会有真正的勇敢。

人生之路艰辛跋涉，生活中充满着矛盾，人们都希望自己没有浮躁，没有烦乱，没有郁闷，没有惆怅，保持心态平和。这里主要靠个人对自己心态的把握。心灵的成熟是拥有平和心态的关键。在生活中要能够做到拎得起、放得下、想得开、看得清，显示出不骄不躁、不卑不亢、不迷不馁、不偏不激的人生态度，方能在处理各种问题面前从容自如。

人生中，精彩和辉煌常隐于平和淡然中。平和淡然才是长久的，安于平淡，才能积累出瞬时的精彩。辉煌消失后，要安心复归于长期的平淡。只有这样，才有真正的自我，才有成熟的选择，才有迎接挑战的能力。

平淡中见奇趣，浅近中具哲理，这是一种十分超脱的人生态度。这个世界有太多的诱惑，一个人需要以清醒的心智和从容的步履走过岁月，他的精神中必定不能缺少平和。虽然我们都渴望成功，渴望生命能在有生之年划过优美的轨迹，但我们需要的是一种平平淡淡的快乐生活，一份实实在在的成功业绩。这种成功，不必努力苛求轰轰烈烈，不一定要有那种"揭天地之奥秘，救万民于水火"的豪情，只是一份平平淡淡的追求。但，这就足矣！

  我们需要平和心态，就是尊重规律规则和客观现实，不高估或低估自己的能力，喜怒不形于色，胜败不萦于心；就要顺其自然，远离侥幸、虚妄心理，不苛求事事完美。

第二章

把人生看成自己独一无二的创作

摘掉面具，露出真实的脸

漫漫人生中，很多时候我们不是在做自己而是在演自己。为了某一个目标，或飞黄腾达，或名扬天下，我们甘愿出卖自己的真心，说一些言不由衷的话，做一些自己不喜欢甚至讨厌的事情。为了保护自己不受到伤害，我们往往会戴一顶面具，让别人看不清我们的脸，也看不清我们的心灵。

在面具的掩护之下，我们小心翼翼地走在人生的旅途之中，时不时说活得好累，伪装的滋味真的很难受，但是没有勇气彻底摘掉面具，因为有太多的牵绊。不得已的时候，也只能这样安慰一下自己，大家都是这样过来的，也许这就是所谓的人生的磨炼。

摘掉面具，做真实的自己。有一首古诗云："痴心做处人人爱，冷眼观时个个嫌，觑破关头邪念息，一生出处自安恬。"一般人容易走这两个极端，而不能恰如其分地把握自己。世事纷繁，人事复杂，我们不可能一路都左右逢源，也不可能一味八面玲珑。在世俗圈子里痴心表演，人会活得不真实、不轻松、不自在；超凡脱俗，远离人间烟火，清高处世，只不过是人们的一种幻想。我们要活得自在逍遥，只有做真实的自己，既不去"痴心做"，也不去"冷眼观"，要像古人说的那样"觑破关头"，摒除邪念，保持心境安然舒畅。

做真实的自己首先要保持内心的真实，保持内心的真实就必须要有舍弃一切虚荣的心理，要有一种坚定的信念。不改变自己，而是找到适合自己的位置。如果我是金子，我就去首饰店，不强迫自己做劳动工具，伤痕累累还一无是处；如果我是钢铁，我就上战场，不在首饰店里受冷落；如果我是美玉，我就不做磨盘，既毁了自己也帮不了别人；如果我是磨石，我就做快乐的磨盘，不停地旋转，磨出丰收的喜悦。

我无法改变自己，我只能改变自己的观念，把自己放在更有利的地方。塑造自己，先点燃自己的心灯，然后才能照人远行。如果每个人都有一盏心灯，那么前行的路上将只有光明而无黑暗！每个人都可以塑造独特的自己，我就是我，不论好与坏，世间不会有第二个我。

恰如其分地把握自己

我们的生活是由一个接一个的选择构成的，每一个选择都从一定程度上决定着我们的人生轨迹。读懂自己，才能抓住每一次选择人生道路的机会，从而把握自己的人生。

人类的历史，就是不断征服自然的历史。当自然被人类征服在脚下的时候，人类这才发现，同时被征服得千疮百孔的还有人类自己，人类其实始终臣服在自然的脚下。有太多的悲剧，来源于人类并不了解自己，不了解自己在宇宙中的地位，不了解人类自己其实是最脆弱的。因此，当人类在继续将探索的触角伸向更远的太空的同时，也更多地关注起人类自身来。这无疑是人类历史上的又一次伟大革命！那么，你了解自己吗？

"我是谁?"我们经常会问自己,却很少有人能给出一个确切的答案。拿破仑·希尔认为:随着科学文化的日益发展,我们不断地了解着未知世界,可我们对自身的探索却始终停滞不前。正确地认识自己,才能认识整个世界,也才能接受世间的一切。我们经常通过别人的评价来认识自己。可是,无论别人的推心置腹显得多么明智和多么美好,从事物本身的性质来讲,自己应当是自己最好的知己。

另外,只有当你认识自己之后,才能客观地评价和正确对待自己的优点和缺点,你才能知道自己行为上的不足,以及情感上的缺陷,你也才有办法来战胜自我的弱点——取人之长,补己之短。

一般情况下,陷入盲目的人,都是没有正确认识自己的人。一个连自己都弄不明白的人,怎么可能去认识别人,又怎么可能去把握自己的人生呢?

不能正确认识自我是很多人失败和痛苦的原因。

其实,"正确认识自我"之中最重要的,就是要认清自己的能力,知道自己适合做什么,不适合做什么,长处是什么、短处是什么,从而做到有自知之明,最后在社会中找到自己恰当的位置。寸有所长、尺有所短,只有找准自己的位置,并充分发挥自己的聪明才智,挖掘自己的潜能,才能最大限度地实现自己的人生价值。

即便是列夫·托尔斯泰这样享誉全球的伟大作家,也曾在认识自己的过程中走了不少弯路。他在青年时代有过一段放荡的岁月,逃学、赌博、鬼混兼而有之。终于有一天,他醒悟了,决心重新开始自己的人生。但从何入手呢?托尔斯泰首先分析自己，找出八条缺点：缺乏刚毅力，自己欺骗自己，有少年轻浮之风，不谦逊，脾气太暴躁，生活太放纵，模仿性强，缺乏反省。然后他根据分析得出的结果，认真改正缺点，终于成为一位举世闻名的大文豪。

当局者迷，旁观者清。正确认识自己，就要像旁观者一样洞察自己，将感性暂时放在一边，用理性的眼光剖析自身的优缺点。当然，正确认识自己是一件很困难的事情，或许有些人一辈子也没弄明白自己到底是怎样的人。但不管怎样，我们都要尽量客观地对待自己，尽量科学地认识自己。如果不能正确认识自己，生活就会以惨痛的教训来让我们铭记。

尽力而为，但放下我执

曾有人这样说过："在正确的道路上行走，即便步子迈得小，终有一天也能到达目的地。"古今中外，因坚持而有所成就的人不计其数。伟大的汉代史学家司马迁，忍辱负重，在遭受宫刑的情况下，依然坚持写作，终于完成了被誉为"史家之绝唱，无韵之离骚"的《史记》。事实上，每一个成功者的背后，都有着常人难以想象的坚持。

是的，无坚持，便无所得。但前提是你坚持的方向是正确的，若在错误的道路上奔跑，那你将离目标越来越远。所以，我们要有所坚持，但不能一意孤行，一旦将自己逼进死胡同，就会连转身的机会都没有了。

在现实生活当中，我们常常因为不懂得放弃所谓的固执，而不得不面对许多无奈的痛苦。其实这些让我们身陷其中而无法自拔的困境，貌似我们无法解脱，实际上在我们懂得了放弃的艺术之后，一切都变得豁然开朗了起来。

人的能力终究是有限的，每个人都有自己做不到的事。相信自己做不到的事就是做不到，坦然处之，不会觉得自己低人一等，更不会影响自信心，这就是对自己能力不足的清醒认识。坚持做自己能做的事情是一种勇气，放弃自己做不到的事情是一种智慧。

一只鹬伸着长长的嘴巴在湖边悠闲地行走着，突然它眼睛一亮，发现前面有一只肥肥的蚌正在张开蚌壳晒太阳，那肥而嫩的蚌肉在阳光的照耀下十分诱人。于是鹬就不顾一切地冲上前去，用长嘴一下就啄住了蚌肉。然而，蚌也不是省油的灯，只见它忍住疼痛，猛地将蚌壳收紧，把鹬那长长的嘴死死地夹住。就这样，它们谁也不让谁，拼着性命僵持在一起。这时，一个老渔翁刚好从这里经过，说了声："下酒菜有了。"轻易地将鹬和蚌收入囊中，扬长而去。

这是有名的"鹬蚌相争，渔翁得利"的成语故事。

在这个故事中，我们很容易得知：鹬和蚌之所以成了渔翁的下酒菜，就是因为它们过于执著，它们的思维已成定式，谁都舍不得放弃而造成的。

人亦如此，有时较之物类更是固执，执著于名与利，执著于一份痛苦的爱，执著于幻美的梦，执著于空想的追求。数年光华逝去，才嗟叹人生的无为与空虚。适当的放弃才是一种正确的选择。

人非圣贤，孰能无过？出现失误与过错在所难免，一时的失误与过错不能代表我们将来也会出现失误与过错，不能以此来评价我们的将来和一生，大可不必记在心里，负罪内疚。否则，只会束缚我们的手脚，禁锢我们的思想，影响我们的工作积极性、主动性和创造性而使我们碌碌无为。这种失误与过错，我们更要舍得放弃。

莎士比亚说过：最大的无聊是为了无聊而费尽辛苦。历史上曾有许多人热衷于永动机的制造，有的甚至耗尽了毕生的精力，却无一成功。达·芬奇也曾是狂热的追求者之一，然而一经实验他便断然放弃，并得出了永动机是根本不可能存在的结论。他认为那样的追求是种愚蠢的行为，追求镜花水月的虚无最后只能落得一场空。

如果一个人执意于追逐与获得，执意于曾经拥有就不能失去，那么他就很难走出患得患失的误区，必将会为达到目的而不择手段，甚至走向极端。为物所累，将成为一个人一生的羁绊。"执著就能成功"曾经是无数人的励志名言。不错，我们在岁月的沧桑中背负着这份执著，有过成功也有过失败，尽管筋疲力尽、伤痕累累却不曾放弃，直到在艰难的岁月中踯躅而行，任岁月蹉跎而逝，才蓦然发现现实的残酷是不允许我们有太多奢望，所谓的执著也不过是碰壁之后一份愚蠢的坚持。于是，我们开始反思，一个人注定不可能在太多领域有所建树，要学以致用，要根据自己的实际，不能不顾外界因素和自身的条件而头脑发热，草率行事，要清楚自己追求的目的是什么。为了心中那座最高的山，痛定思痛后我们依然要选择适时放弃，放弃那些能力以外、精力不及的空想，放弃那些不切实际的目标，在惋惜之余得到最大的解脱。同时，我们会发现幼稚的激情已被成熟和稳健所代替，生命因之日渐丰腴起来。谁说这样的放弃不是一种明智？

坚持是一种难得的品质，在这个物欲横流的社会中，能坚持自己，更是难能可贵。我们应该坚持自己，因为这是我们保持本色人生的必然选择，但同时也要把握好坚持的尺度，否则生活的道路上就会多一些本可避免的波折。舍得放弃，说到底是一个人真正属于了自己，真正懂得了如何驾驭自己。

自信点亮内心之美

我们生活在这个纷繁的世界上，不可能孤立存在，必然会与许许多多的人交往、合作。但这并不代表着我们要放弃独立而随波逐流。

不要总是一本正经或愤愤不平，为赢得人生的成功，你必须摒弃一切不利于前进的阻碍。有时你可以怀疑世界上的很多事物，但不要为此怀疑自我。

养成"我只要做好自己"的习惯，这种习惯会在成功的路上助你学会独立，能够卸下很多包袱。拥有了独立的人格，你就拥有了成功者必备的一个条件。

每个人都是一座富有的矿山，自信是开凿这座矿山的斧头。只有拥有十分的信心，我们才能迈出挖掘自己潜能的步子，由平凡到辉煌，最终超越生命的底线。

许多时候，我们太在意别人的感觉，因而在一片迷茫之中迷失了自己。随意地活着，你不一定很平凡，但刻意地活着，你一定会很痛苦。其实人活着的目的只有一个，那就是不辜负自己。

兰生幽谷，不为无人佩戴而不芬芳；月挂中天，不因暂满还缺而不自圆；桃李灼灼，不因秋节将至而不开花；江水奔腾，不以一去不返而拒东流。一个人不能没有追求，仅仅满足于碌碌无为的日子。只有相信自己的人，才能实现自身的价值和生命的意义。

随着社会的快速发展，每个人都会不断感受到自卑感的冲击。尤其当那些以前在许多方面都比不上自己的人，如今却优越地站在自己的面前，其内心的感受可想而知。从心理学的角度来讲，自卑是一种因过多地自我否定而产生的自惭形秽的情绪体验，是一种性格缺陷。

自卑使人痛苦，使人懒惰，使人退缩。自卑让我们低估自己的形象、能力和品质，总是拿弱点跟别人的长处比，觉得自己真是什么都不会，什么都不如别人。自卑会控制我们的生活，在我们有所决定、有所取舍的时候，抹杀我们的勇气与胆略。

一个人如果自卑，看不到自己的力量，总认为自己不行，就做不好事情，搞不好工作，久而久之会形成一种固定的心理模式，给生活和工作带来消极的影响。一个能意识到自己有自卑感的人，意味着他已经走上了克服自卑的道路。

自卑就像蛀虫一样吞噬着我们的人生，是我们走向成功的绊脚石，是快乐生活的拦路虎。自卑会使我们的心态逐渐变得消沉，生活毫无激情。由于自卑，我们会把本来带给自己快乐的事物都变得让自己难受，一生都在胆怯、忧郁地生活。

自卑感并非无法克服，就怕不去克服。只要改变心态，将自卑变为发奋的动力，就能走向成功和卓越。这是一条从自卑到自信，从失败到成功，从渺小到伟大的光辉灿烂之路。只要相信自己并愿意改变自己，就能走上一条成功大道。自卑如能被超越，便成了成功做事的本钱。

自信是自卑的克星，自信之人经得起困难和挫折的考验。一个人只要具有强烈的自信心，自尊、自爱、自强，最终就能成功。居里夫人有句名言："我们应该有恒心，尤其要有自信心。"托尔斯泰说："决心就是力量，信心就是成功。"每个人都渴望自信，因为自信能使人愉悦，使人奋发，使人前进。人人都希望远离自卑，这就要求我们要学会欣赏自我，充分肯定自我，寻找通往自信的快乐之路；学会与自信为友，只要我们拥有自信心，成功就会微笑着向我们靠近。

擦亮自己的心

犯下错误之后，如果只想到推诿和逃避责任，那么受到最大伤害的只能是自己。我们必须面对属于自己的问题，归咎于环境或者他人都不是明智的做法。因为我们不去面对自己的问题，问题非但不能得到解决，还会让错误像雪球一样，越滚越大，成为横亘在我们人生路途前的一座大山，让自己变得小心翼翼，害怕犯错，从而丧失面对挑战的勇气，最终变成一只只会逃避的鸵鸟。

其实只要正视自己的错误并积极寻求弥补的方案，那么我们就会发现，一个错误并没有什么大不了的。正是在不断从错误中汲取经验的过程中，我们逐渐变得成熟，有信心和勇气面对失败和挫折，能够坦然承担人生和命运的艰难。

推卸责任时，可能感觉舒服和痛快，但心智却无法成熟。"你不能解决问题,你就会成为问题。"其实,这句话是对所有人说的。

没有人不会犯错,辉煌的成功通常建立在无数次错误的基础之上,所以不要怕犯错。但是这不应当成为轻率的理由或者推卸责任的借口。关键是要让每一次错误都变得有价值。不为自己的错误负责,把错误的原因归结为环境因素或者他人因素的人,无法正视错误,也就不会在错误中成长。

即使是傻瓜也会为自己的错误辩护。能承认自己错误的人就能凌驾于其他人之上而有一种怡然的感觉。有些人在做错了事之后,不愿去勇敢面对,只选择逃避。于是别人对于这些人的误会就会更加深厚,甚至与他们绝交,从此视他们为陌生人。而他们除了伤心自责外,也不知道该怎么办。这样显然只会让自己处于被动状态,不利于事情的改变,也不利于人际关系的改善。正视错误,你会得到错误以外的东西。最重要的是,在为自己的错误积极担负责任的过程中,勇气得到增长。

从自信中寻找人生的幸福

如果我们自己对自己都没有好的评价,还能期望别人对我们有好的评价吗?别人对自己的评价会通过言行举止泄露给与他交往的人,从而形成别人对他评价的基础。所以,要让别人喜欢你、信任你,你必须首先自己肯定自己,自己喜欢自己,自己信任自己。

有一对孪生姐妹,姐姐特别漂亮,妹妹则长相一般,从小家里人和邻居亲友都特别宠爱姐姐,夸赞姐姐长得像电影明星,而忽视了妹妹。久而久之,妹妹产生了自卑心理,每天早晨一照镜子,就厌嫌自己的长相,并因此觉得自己什么都不好,羞于到外面去和别人交往。而别人从她的这些行为中觉得她是一个孤僻古怪的女孩,不善言谈,没有少女应有的青春气息,也愈加地漠视她。

后来,姐妹俩都考上了大学,在不同的城市读书。妹妹在一个新的环境里,结识了许多新的同龄人,由于没有姐姐漂亮对她造成的暗示作用,妹妹变得较为开朗,和同学们都很谈得来。在交谈中,同学们发现她知识特别丰富,而且分析问题、处理问题的能力也很强,都很喜欢她,乐于和她交往。而妹妹不再只注意自己不如姐姐长得漂亮这一点,逐渐发现了自己的许多优点,变得较为自信。

假期回家后,妹妹不再躲在自己的小屋里,而是饶有兴趣地向大家讲述学校里的趣事。结果,大家都夸她很有见识,能说会道,还很幽默。以后再有亲友来访,都主动询问妹妹在不在家,并邀请妹妹去他们家做客。姐姐惊奇地说妹妹像换了一个人似的,不仅性格大变,而且比以前漂亮了。

为什么同样一个人,前后会相差那么大呢?是她真的变漂亮了吗?当然不是。众人对她从漠视到喜爱、关切,主要是因为她对自己前后不同的心理暗示,影响了她的行为和别人对她的看法。亲友们从她的身上,发现的是自信、快乐、热情和乐于与人交往的信号,而不是以前的自卑、忧郁、拒绝交际的信号,因此,乐于与她交往,并开始喜欢她。

肯定自己,喜爱自己,这是社交成功的基础。喜欢你自己,因为你是自然界最伟大的奇迹,你是独一无二的。你有许多缺点,这是每个人都会有的;你有许多优点,这些优点不是每个人都会有的。而且，你是独一无二的，你的心是独一无二的，你拥有这个世界上独一无二的智慧、独一无二的言行举止。千万不要把你的优点埋藏在不为人知的地方。你不漂亮，但你灵巧的双手可以编织出最漂亮的饰物。你没有考第一，但你可以把王子与公主的故事讲得栩栩如生、如泣如诉。你不健谈，但你温柔的笑容可以给人最强有力的支持和最温暖的安慰。你确实是一个很特别的人，值得自己珍惜，足够赢得朋友的友情和尊重。

人们有权利按照我们看待自己的眼光来评价我们。人们会从我们的脸上、我们的眼神中去判断，我们到底赋予了自己多高的价值。很多人都相信，一个走上社会的人对自己价值的判断，应该比别人的判断要更准确、更真实。

如果你认定自己毫无魅力可言，你的表情会失去应有的光彩，你的言行就会缺乏热情，你的社交又怎能成功？反之，如果你认为自己魅力十足、人见人爱，你的眼睛会闪烁出迷人的光彩，行动会更加优雅，语言会更加富有感染力，整个人就像社交明星一样光彩照人，而这一切会感染你身边的每一个人，让他们被你的魅力所迷惑。

可是你就是觉得自己不如人，认定自己是四处碰壁的丑小鸭，那又该怎么办呢？说服自己！首先，寻找自己的优点。不要疏忽任何一点，即使你认为它微不足道，不值一提。从你以前的成功经验里寻找，细心地想一想，你会发现自己的优点不止一箩筐呢，你会发现自己简直是一个可爱的天使，如果是这样，你还不自信吗？其次，每天一睁开眼睛，就告诉自己："我是一个魅力十足、人见人爱的社交明星，所有的人都会喜欢我，我很温柔、我很慷慨，朋友们都信任我……我有缺点，但我会努力改正，我今天会是公司最受欢迎的人，今晚的同学聚会中我也会是最有人缘的一个，今天一切都很好，我对自己十分满意……"

人要自己肯定自己，而且从某种意义上说，一个人也只要自己喜欢自己就够了，没有必要活在别人的评价里。如果一个人一生中从没有对自己有过埋怨，始终非常满意自己的话，那么这个人的一生一定是非常美满和幸福的。

坦承缺点，让人生更加轻盈

世间有真善美，自然就有假恶丑；没有什么能够独立存在，每个人身上都融合了这些对立的方面。如果将假恶丑拒之门外，那么真善美也必将离你远去。要想轻松自在地生活，做真实的自我，就得坦然面对自身的瑕疵，这并不会掩盖你的美好本质，反而更能彰显你的魅力，所谓"瑕不掩瑜"说的就是这个道理。

我们似乎随时随地可以看到这样一群人：他们乔装门面，借此来遮掩自己的愚蠢或贫穷，隐瞒自己的无知或无能，粉饰自己的空虚和懦弱……实际上，这是不能正确面对自己的最好佐证。这样的人在评价别人的时候，动辄就是"这小子愚蠢透顶""那家伙肯定是穷光蛋""瞧他那模样，简直不像个男子汉"……凡此种种，不一而足。这样的人热衷于对别人品头论足、妄加非议，其实他们却从未正确地认识过自己。

为什么我们要掩盖自己的缺点呢，为什么我们不能将自己真实的一面呈现出来呢？这才意味着有自知之明：我就是这么一个人，我无须在他人面前乔装改扮；我容得下自己的一切，包括我的缺点。只有不嫌弃自己的人，才能真正面对生活，面对人生。

有些人想遮丑，往往事与愿违，反而露丑。敢于直面自身的缺陷，恰恰是自信的表现。反之，自我嫌弃则是对自己的怀疑。羡慕就是无知，模仿就是自杀。无论怎样，我们应该保持本色。一个人想集他人所有的优点于一身，是愚蠢而荒谬的。有高山必有深谷，一方面有长处，另一方面自然会有短处。"金无足赤，人无完人"，此话适用于评价别人，也适用于评价自己。如果你不能成为山顶上的一株参天大树，那就做一片生长在山谷中的小草，为大地增添一抹碧绿……

一味地追求完美，我们将永远生活在痛苦的深渊里。换个角度看待事物，诚实面对自身存在的不足之处，我们就会生活得开心快乐，我们将永远是最幸福的人。所以说，如果我们为了追求理想中的完美，而不能包容那些不可祛除的瑕疵，那么我们终将很难成功。

"梅须逊雪三分白，雪却输梅一段香。"世上没有十全十美的事物，我们都一样。只有懂得了这一点，我们才能坦然认同自身的缺憾，更重要的是，我们的生活才会因此而变得轻松、和谐。

心中有他人，才能有天地

有一位将军，在大军撤退时总是断后。回到京城后，人们都称赞他的勇敢，将军却淡然一笑，说："并非吾勇，马不进也。"这位将军把自己勇敢断后的无畏行为说成是由于马走得太慢。

可是，在人们心目中，"马走得太慢"这句托词，绝对无法抵消将军的英雄形象。

"别把豆包不当干粮"曾经一度成了热门的口头流行语，它在鼓励人们寻找自己的价值，增加自己的信心的同时，也要求人们寻找别人的优点，承认别人的存在。可是，有更多的人太"把豆包当干粮"，太把自己当回事儿。我们提倡自信，却不能纵容狂妄自大、目中无人，不能纵容过分的表现欲。

有时我们的烦恼来自于我们有颗狂妄自大的心。一个人如果妄自尊大，把谁都不放在眼里，一切皆以自我为中心，那么他一定会一天到晚被烦恼重重包围着。

若一个人太自负了，就很容易陷入一种莫名其妙的自我陶醉之中，变得自高自大起来。他会无视所有人对他的不满和提醒，终日沉浸在自我满足之中，对一切功名利禄都要捷足先登，这样的人永远也不会得到人们对他的理解和尊重。

自傲者对自我失去了客观评价，觉得在这个世界上唯我最大、舍我其谁，一副不知天高地厚的架势，以显示自己伟大的魄力和气度。可是，靠说空话解决不了任何问题，人们尊敬的是那些脚踏实地干实事的人，而不是自吹自擂的专家。

其实，越伟大的人越会谦卑待人，人们也越会敬重他。

真正的大人物是那种成就了不平凡的事业，却仍然像平凡人一样生活着的人。他们从来都是虚怀若谷的，他们不会因为自己腰缠万贯而盛气凌人，他们从来不会见人就喋喋不休地诉说自己是如何成功和发迹的，他们也从不痛恨自己的同事是"居心叵测之人"，他们只是"不以物喜，不以己悲"，平和地做着自己该做的事情。

两只大雁与一只青蛙结成了朋友。秋天来了，大雁要飞回南方，三个朋友舍不得分开。大雁对青蛙说："要是你也能飞上天多好呀，我们就可以经常在一起了。"青蛙灵机一动：它让两只大雁衔住一根树枝，然后它自己用嘴衔在树枝中间，三个朋友一起飞上了天。地上的青蛙们都羡慕地拍手叫绝。这时有人问："是谁这么聪明？"那只青蛙生怕错过了表现自己的机会，于是大声说："这是我想出来的……"话还没说完，它便从空中掉下来了。

可怜的青蛙之所以会得到这样悲惨的下场，就是因为它太想表现自己，太想突出自己的重要了。不把自己太当回事儿，坦诚而平淡地生活，别人是不会把你看成卑微、怯懦和无能的。如果你老是把自己当作珍珠，那么就时时有被埋没的危险。

自以为是的人头脑容易发热，他们往往充满梦想，只相信自己的智慧和能力，坚信只有自己才是正确的；他们从来不接受别人的意见和劝告，认为采纳了别人的意见就等于是对自己的否定和贬低。这些人其实是典型的外强中干，他们的固执恰恰证明了他们并不是真正的强者，正因为心虚，所以他们才不愿服输。

一个有内涵、有实力的人也不一定永远站在最高峰。忘记曾经的成功、曾经的辉煌，正视现实，这样的人即使退居幕后，人们给予他们的也仍然会是掌声和鲜花。

第三章

上善若水,容万物而不争

慈悲为怀,万物花开

慈悲是这个世界上最好的品质,善良的人是这个世界上最受欢迎的人,因为我们或者不够善良,或者希望自己更加善良。我们喜欢慈悲的人,喜欢和他们在一起。慈悲的人很纯粹,和他们在一起很有安全感,在遇到困难的时候,他们会倾力相救,甚至不惜牺牲自己。慈悲的人在付出他们的仁慈的时候是一片赤心和真心,从没有想过要得到回报。慈悲为怀,这是一种无形的力量,终究会得到他人的尊敬和爱戴。

《西游记》里的唐三藏虽然是神话中的人物,但拥有一颗慈悲心的他堪称我们的楷模。唐三藏没有孙悟空的法力,不及猪八戒的智慧,甚至连沙僧的力量都不如,但他却能够集合众人的力量,在危难时刻化险为夷。唐三藏之所以能够经历重重磨难,最终到达西天,取得真经,靠的就是他的慈悲心。他的慈悲心感化了三界,功夫不负有心人,他终于成为人人敬仰的佛。

当然,慈悲不是出家人的专利,救人于危难之中,是我们每一个人义不容辞的责任。

慈悲为怀绝不是一种简单的同情心,它是一种无形的相助,一种博大的爱,是一股矫正世俗的春风。道家的始祖老子说:"上善若水。"是的,"水利万物而不争",慈悲为怀者与水一样能溶解万事万物,化解人间恩仇;"海纳百川,有容乃大",

慈悲为怀者能包容一切，胸怀博大；"水质透明，清澈见底"，慈悲为怀者白日为善，夜来省己，心如明镜……

慈悲为怀不是针对某一个人，也就是说不能对某些人仁慈而对某些人不仁慈，我们的仁慈应该是一视同仁的。我们喜欢某一个人，就对他好，这不是慈悲，这仅仅是个人的喜好而已。我们不喜欢一个人，但当他遇到困难的时候，我们仍然能够施予援手，这才是慈悲。我们对事不对人，我们可以不喜欢某人，但不可以剥夺他接受仁慈的权利。

慈悲为怀是做人的一种积极和有意义的行为。它可以为自己创造一个宽松和谐的人际环境，使自己有一个发展个性和创造力的自由天地，并享受到一种施惠与人的快乐，从而有助于个人的身心健康。慈悲为怀可以给我们带来好心情，还可以给我们带来身体上的健康。现实生活中，有些人不讨人喜欢，甚至四面楚歌，主要原因不是大家故意和他们过不去，而是他们在与人相处时总是自以为是，对别人百般挑剔，随意指责，人为地造成矛盾。只有处处慈悲为怀，严以责己，宽以待人，才能建立与人和睦相处的基础。在很多时候，你怎么对待别人，别人就会怎么对待你。这就教育我们，要待人如待己。在你困难的时候，你的善行会衍生出另一个善行。

慈悲为怀并不是为了得到回报，而是为了让自己活得更快乐。慈悲为怀其实极易做到，它并不要你刻意做作，只要有一颗平常心就行了。你在日常工作和生活中，无非是想丰富你的生活，实现你的价值。而这所有的一切，归根结底，都来自于你是否慈悲为怀，善待他人。慈悲为怀使你有一种充实感，你知道没有很多人会故意和你过不去。慈悲为怀不仅给你财富，还使你拥有被他人喜爱的充实感。

可见，慈悲为怀是人们寻求成功的最好的武器。在当今这样一个需要合作的社会中，人与人之间更是一种互动的关系。我们去善待别人、帮助别人，才能处理好人际关系，从而获得他人的愉快合作。那些慷慨付出、不求回报的慈悲为怀者，往往更容易获得成功。

爱人者人恒爱之

自爱，是我们感受幸福的前提，也是爱别人的先决条件。

只有爱自己，我们的心才能触摸到世界真实而深刻的一面。拥有自爱的人生，不会孤独寂寥；懂得自爱的人生，是能够体会美好的人生。有句话说得好，给人以生命欢乐的人，必是自己充满着生命欢乐的人。

心理学上的爱自己，不仅是"你值得拥有……"，还包括承认自己的某些价值、照顾好自己、保护自己的私人领地、保护自己的身体健康和心理健康、了解自己的真实兴趣，等等。爱自己，首先是了解并认识自己。自爱不是自私，不是以自我为中心，也不是自大。一个不爱自己的人，很难真正认识自己。爱自己也是对自己拥有探索的兴趣，愿意对自己完全开放，坦诚与自己沟通，知道什么能真正使自己幸福和满足，也就是真正地认识自己。只顾自己的利益，不考虑别人的行为谈不上爱字。自私往往是因为不爱自己，所以才会不停地索取。自爱不是只考虑自己，相反，我们越能接受和宽容自己，就越能接受和宽容他人，越能爱他人。

有位哲人说:"学会自爱,就必须抛掉心中的自卑和自负。"自爱也不同于精神分析学派所说的自恋。自爱源自善意和尊重,缺乏自爱会直接影响我们与他人的关系。其表现主要有:缺乏信心、多疑、不信任他人。假如不爱自己,就没有能力爱别人。不爱自己甚至厌恶自己的人,不会耐心地守候,自我也不会有快乐。一个连自己都不爱的人,无论如何都不会是一个可爱的人,自己都嫌弃自己,当然不会真正去爱别人,那样的人同样不会得到别人的爱。

在爱自己的同时不冷落他人,在爱他人的同时也不冷落了自己。只有懂得爱自己的人,才会懂得爱别人。懂得爱别人,不去指责、不去推诿,不再冷漠、不再抱怨,我们会发现这个世界在悄悄改变,变得越来越美。

心理暗示的作用非常神奇,我们对他人的爱也是一种心理暗示,通过对他人的关心、赞美、肯定,让他人有着心理上的认同感,从而使自己和他人都得到一种心理满足。如果你每天试着发自内心地赞美他人,而不是诉苦或抱怨,那么你一定会发现,对方也在悄悄地改变——而且正是朝着你所希望的方向。

学会去爱别人,学会感动,懂得珍惜。珍惜拥有,珍惜自己,过好现在,抓住现在拥有的爱,就是一种幸福、一种美。爱是仁厚、善良、贤德的化身,是一个人良好的人格魅力与品质操守的集中体现,是寒冬里的暖日,是酷暑中的凉雨,是困境时的希望,是病痛时的生机。

"相逢何必曾相识",人与人之间的关爱不是只存在于亲朋好友间,我们应该充满热情地帮助任何一个需要我们的人。拥有一颗真诚的爱心不论是对他人还是对于我们自己都是弥足珍贵的，每个人都要学会爱世界、爱别人、爱生活。

"赠人玫瑰，手留余香。"对身边的人和事多一份关爱之心，你会发现，其实你可以帮助很多人，你也会变得更快乐，可能只是一句话，甚至一个微笑。你付出了爱，同时也会得到更多的爱。

爱，能够带给人们最深层的快乐，一切皆因爱而生，一切皆如期而至！

我们一般人都不同程度地具有爱心，但是这个爱心是"小爱"，而不是大爱。小爱是有前提的爱，是讲条件的爱，是讲互惠的爱，是讲互利的爱。大爱是引领人走出心中烦恼的束缚，不受争斗心、嫉妒心、伤害心所扰的爱，大爱是一种无伤的爱、一种无求的爱，就像太阳爱小草。

人们希望得到别人的爱，一旦被剥夺了这种爱，人的内心就无法平静，快乐也就无从谈起。但更为重要的是，将我们的爱奉献给社会，奉献给他人，这也是我们的内在需求。

但是，我们心中的爱并不是天生的，它也是要时时刻刻的培养，从不断地领悟和感受中得来的。出门以前，就要先起一个好心，培养这么一个爱的念头，留心遇到的人和事，从一点一滴做起。心怀大爱，从身边做起，就像爱默生诗中所说的那样："一切皆因爱而生，只要忠于此心，朋友，亲人，所有美好的日子，地位和名声，理想、荣誉和天才，一切都如期而至。"

分享，让快乐加倍

生命中总有很多东西是需要有人来一同分享的。在愿望实现的时候，希望可以和爱人一起分享那份满足；在事业成功的时候，希望可以和家人一起分享那份成就；做了一桌丰盛的菜肴，买了几袋美味的小吃，也特别希望能和好友一起分享。分享是一种快乐，是真心的朋友都会愿意与之分享生活中一点一滴的快乐。

和别人分享快乐，快乐就像给足了养分的细胞一样迅速分裂，其潜力和速度都是惊人的。生活需要分享，要学会分享你的一切，你的快乐、你的悲伤、你的骄傲、你的倔强和你的真正的朋友，你爱的人和爱你的人，你的家人……这样会拉近你们的距离。没有人分享的人生，无论面对的是快乐还是痛苦，都是一种惩罚。

你可以从食物中得到快乐，但是当你把食物分给别人时，可以在分发的过程中提高自己的快乐指数，因为你在分享食物的同时收获了更多的信任，收获了更大的友情，这些快乐甚至远远超过食物本身具备的愉悦感受。你可以从华美的衣裳中收获快乐，但是只有在人前炫耀，只有得到他人的赞扬，你的快乐才会更加彻底更加充实，否则你只是一个人在镜子里孤芳自赏，那么快乐就会打折。快乐就跟婚姻一样，尽管婚姻只关乎两个人的事，但是参加婚礼的新人需要得到大家的祝福，他们只有与亲朋好友一同分享这份喜悦，两个人的心里才会觉得更加甜蜜和浪漫。

做人不能太封闭，更不能封闭自己的情绪，如果你觉得自己很快乐，那么最好将这种快乐散发出去，让周围的每一个人都为你而高兴。享受快乐就像吃苹果一样,如果你一个人将苹果全部吃完,那么最多只是品尝到了苹果的味道,但是当你将苹果和他人一同分享,那么你不仅可以尝到苹果的味道,还可以收获赞美、感谢、笑声、友情,而这些东西所带来的心理满足一定会比单纯的吃苹果更多。

如果你不够幸福,那么就要懂得向朋友诉说,让自己的不幸和悲伤得到分担,如果你觉得很开心很快乐,同样要懂得和身边的人一同分享,让快乐加倍。我们的亲人朋友往往就是一面镜子,你可以从里面看到自己的幸福,可以看到自己的忧伤,可以看到自己的快乐,也可以看见自己的痛苦。我们需要让这面镜子每天都展示笑脸,那么首先就要懂得给对方一个笑脸,需要把自己的快乐传播给对方,这样我们才能从镜子中收获更多的幸福和快乐。

人生的乐趣,在于分享。正如孟子所说:"独乐乐,不如众乐乐。"我一份快乐,分给你一些,我还是一份快乐,你也有了一份快乐。智慧处世,我们不能自私贪求,不能只想"别人能给我什么",因为施者的境界比受者更宽大,施者所获得的快乐比受者更丰富。唯有与人分享快乐、幸福,随时随地去关心别人的痛苦,协助他人解脱苦难,才是有意义、有价值的人生。

分享爱,分享劳动,分享喜悦乃至分享痛苦,这都是我们所需要的。有些人总是斤斤计较,干什么事情总怕自己会吃亏,更怕让别人得了便宜,这样的人就是没有领悟到分享的真谛。懂得分享,我们才会在生活中感受更多的快乐。

利己也利他,要达到双赢才能把事情做成功。一个苹果分给 10 个人去吃，让大家都感受苹果的香甜，那 10 个人下次就会分别拿出不同的水果给你吃，你的收获和快乐就是多重的。这是一种成功哲学，也是一种广义上的快乐。

在生活中，帮助别人也是帮助自己，想得到别人的帮助，就得先学会帮助别人；希望自己生活得好的人，也应该帮助其他人生活得更好；渴望快乐幸福的人，应该把自己的快乐幸福与别人分享。人生在世，谁都不可能孤立地存在，只有当个人的快乐与大家的快乐紧密联系在一起时才是真的快乐。

快乐的分享，在你与人分享的时候，就肩负着一份重任：让他更快乐，让痛苦全部溜走，让阳光洒满大家的心灵！

君子成人之美，不成人之恶

俗话说："投之以桃李，报之以琼瑶。"在日常生活的许多偶然事件中，我们只是无意地付出一点点，往往会得来一个意想不到的结果。也许正是因为你无私地袒露了心灵，用善良、博大的心去真诚地做了些事情，所以才会更加令人感动。如果有一天，连上帝都被感动了，你的好运就会来临。

《论语·颜渊》中这样说："君子成人之美，不成人之恶。"

孔子说："仁德之人，想要自己有建树、有成就，就要帮助别人有建树、有成就想要自己发达、显贵，就应当帮助别人也发达、显贵。"

在儒家的道德思想中，往往将"成人之美"看成是处理人际关系的重要原则，从而主张"立人达人"。很多人在成功之前，都是默默无名的小辈，并不是任何人都能有一个位高权重、或者人脉广泛的父母、导师，或许在你梦想中的地方，有许许多多的机会，但你并不知道，就算你知道了，以你目前的地位或者是身份，想要的是遥不可及。或许这个时候，只要能有人帮你写一封推荐信，你就会轻轻松松地站在那个你曾经梦寐以求的地方。

曾经的卧龙虽然也是贤名在外，但如果没有徐庶的推荐，他或许只能是一条闲居山野，终老一生的"卧龙"，而不会飞龙在天；曾经的孔杰虽然天资聪颖，但如果没有聂卫平的推荐，他或许只能站在北京的棋院前望棋哀叹；韩信尽管满腹谋略，但如果没有萧何的推荐，他或许只能是个平凡的军事爱好者；管仲尽管具有治国之才，但如果没有鲍叔牙的推荐，或许他早已沦为阶下之囚……那个站在后面帮助别人成功的人，我们称之为"君子"，君子成人之美，君子立人达人。

偶然事件的发生其实也蕴含着一种必然。一个善良的具有怜悯心的人，总会在不经意时帮人一把，他们没有将此行为看作是一种付出，而是觉得能伸把手帮人一把就帮了，没有想过要得到回报。但善良的付出总会得到回报的，这种回报与其说是上帝的赐予，不如说是我们自己种下的善因。处处播种善因，必定收获善果！

生活从来都是公平的，虽然它什么也不说，却在用时间诠释这样一个真理：我们越是去帮助别人，越能使自己得到更多。

商品社会使越来越多的人学会了"势利眼"，他们忙于太多的锦上添花而不是雪中送炭。有的人为了自己的利益，去损害别人的利益，还常常落井下石。但是这种行为终究经不起时间的检验，总有一日会不攻自破。我们应该明白，世事无常，谁都不知道将来会需要谁的帮助，与人方便，自己也方便，何乐不为？

你为别人着想，别人也为你着想，这是一项简单而快乐的"回报效应"——凡真心助人者，最后没有不帮到自己的。

这其实是个很有趣的现象，结果往往呈现出一个正比关系：当我们越是毫无保留地袒露自己的心扉，去真诚地对待他人，就越能够获得对每个人来说异常珍贵的东西，比如微笑、爱和财富。

别让自私毁了你

人是社会化的动物，人们的生活总是与他人紧密相连，自私自利最终影响的是个人的生活和工作。如果人人都标榜看穿尘世、信奉自私为座右铭，那么这个世界必将暗无天日，这个社会也必将走向衰亡。

自私自利的人，他们所有的付出都是为了得到，他们的付出都是一种"投资"，而不是"消费"；他们的付出具有强烈的、要求及时回馈的目的性，这种带有强烈目的性的付出本身就会堵住自己的路。

有三只老鼠结伴去偷油喝，可是油在缸底，油缸非常深，它们根本喝不到。最后它们想出了一个很棒的办法，就是一只咬着另一只的尾巴，吊下缸底去喝油，它们取得一致的共识：大家轮流喝油，有福同享，谁也不能独自享用。

第一只老鼠最先吊下去喝油，它在缸底想："油只有这么一点点，大家轮流喝多不过瘾，今天算我运气好，不如自己喝个痛快。"夹在中间的第二个老鼠也在想:"下面的油没多少,万一让第一只老鼠把油喝光了,我岂不是什么都得不到,我干嘛这么辛苦地吊在中间让第一只老鼠独自享受呢?我看还是把它放了,干脆自己跳下去喝个痛快。"第三只老鼠则在上面想:"油那么少,等它们两个吃饱喝足,哪里还有我的份儿,倒不如趁这个时候把它们放了,自己跳到缸底喝个饱。"

于是第二只老鼠狠心地放了第一只老鼠的尾巴,第三只老鼠也迅速地放了第二只老鼠的尾巴。它们争先恐后地跳到缸底,浑身湿透,一副狼狈不堪的样子,加上脚滑缸深,便再也没逃出油缸。

正是自私堵住了三只老鼠的出路。其实在每个人的心底,都有着要维护的东西,就像画一个圈,把自己包括进去,圈内便是要维护的东西,属于自私的范畴,圈内与圈外的关系,是格格不入的关系。

很多时候,我们在苦苦思索解决圈内外的矛盾的时候,是否意识到,一个简单的方法就是把圈子画大一点。还有矛盾?再大一点。当圈子无限扩大,没有边界,就成了无私。因此,在生活中,无论是对人还是对己,都要多一分宽容和爱心,少一分狭隘和自私。

印度有这样一句古谚:赠人玫瑰之手,经久犹有余香。给予是一种利己行为,在付出的同时,也将收获一份助人后的快乐。给予是一种高尚的品质,在别人需要的时候伸出援助之手,不仅能让接受者走出困境,也能使给予者获得心灵上的洗礼。

巴勒斯坦有两个海,一个是淡水海,名为伽里里海,里面有鱼儿欢快地畅游。从山脉流下来的约旦河带着飞溅的浪花,成就了这个海。它在阳光下歌唱，人们在周围盖房子，鸟儿在茂密的枝叶间筑巢，每种生物都因它而幸福。约旦河向南流入另一个海。这里没有鱼儿的欢跃，没有树叶，没有鸟儿的歌唱，也没有儿童的欢笑。除非事情紧急，旅行者总是选择别的路径。这里水面空气凝重，没有哪种动物愿意在此饮水。

这两个海彼此相邻，何以如此不同？不是因为约旦河，不是因为土壤，也不是因为周边的国家，区别在于，伽里里海接受约旦河，但决不把持不放，每流入一滴水，就有另一滴水流出，接受与给予同在。

另一个海则精明得厉害，它吝啬地收藏每一笔收入，决不向慷慨的冲动让步，每一滴水都只进不出，便成了死海。

同样，世上有两种人，一种人乐善好施，另一种人自私自利。学会给予是人生的最高境界。美国盲人女作家海伦·凯勒说到自己快乐的诀窍："我发现生活很令人兴奋，特别是你为他人而生活。"学会给予，将自私踩在脚下，生活才会更精彩，生命才会更有意义。

第四章

宽容他人，心中必定流淌愉悦

成大事者，胸怀大度

胸怀大度是一种高尚的品质。它容万物于胸襟，萌和善于心田，在博大中显出深沉与完美。在沧海桑田的世上，胸怀大度者在宽容别人的同时也开发了自己，世间也因他们多了祥和与宁静。

心胸狭窄、目光短浅的人是难以成大事的。人生的许多大问题之一就是"性格"问题，由于不合群性格的存在，使得人与人之间产生了许多困扰及难题。一个能成就一番事业的人，一定是一个心胸开阔的人。

胸襟是否开阔是衡量一个人能否成就大事的重要方面，因为胸襟越开阔的人，往往眼光高远，不计小利，以大局为重；相反，胸襟狭小的人，只会看重蝇头小利。"大丈夫行不更名，坐不改姓，行得端，走得正"，这是俗话，但也体现了一个人做人做事的原则。青年人就应坚守这种原则。

小事情会使人偏离自己本来的主要目标和重要事项，因此，有积极心态的人不会把时间花在这些小事上。如果一个人对一件无足轻重的小事情作出反应——小题大做的反应——这种偏离就产生了。虽然由一件小事引发一场战争在我们的身上发生的可能性不大，但我们可能会因小事而作出不当的反应，致使周围的人不愉快。因此说，一个人为多大事发怒也就说明了他的心胸有多大。拿破仑·希尔认为，在人生的舞台上，应该选择做一名焦点人物，扮演重要的角色。把自己的性格塑造得更得人心，也就更接近成功。

战国时期，赵国有一个出名的武将廉颇，攻无不克，战无不胜，为赵国立下了汗马功劳，被封为上卿。蔺相如因"完璧归赵"有功，被封为上大夫，不久又在渑池会上，维护了赵王的尊严，因此也被提升为上卿，且位在廉颇之上。廉颇对此不服，很不满，扬言说："我要是见了他，一定要羞辱他一番，和他比个高低，他算什么呀。"

蔺相如知道后，就有意不与廉颇会面。别人见蔺相如总是躲着廉颇，都说蔺相如害怕廉颇，为此廉颇很得意。可是蔺相如却说："我哪里会怕廉将军？我避开廉将军，是不想让私人恩怨影响国事。现在秦国是有点怕我们赵国，这主要是因为有廉将军和我两个人在。如果我们内部不团结，我跟他互相攻击，那只能对秦国有益。我是为了顾全大局，不想因为一点私人恩怨耽误整个国家！"

廉颇知道蔺相如说的话后十分感动，便光着上身，背负荆条，来到蔺相如家请罪。他羞愧地对蔺相如说："我真是糊涂，想不到你这样宽宏大量，廉颇知错了！"两个人不计前嫌，结成誓同生死的朋友，共同为赵国奉命效劳。

在做人这个问题上，我们可以作出自己的选择。你可以让自己做一个友善的人，也可以去做一个难处的人；你可以热心助人，也可以拒人于千里之外；你可以与人虚心合作，也可以固执己见；你可以使自己激动，也可以要自己冷静；你可以让自己发脾气，也可以使自己对那些原本会使你生气的事淡然处之；你可以去做一个和蔼可亲的人，也可以做一个尖酸刻薄的人；你可以信任别人，也可以对谁都不信任；你可以自以为人人都与你为敌，也可以自信大家都喜欢你；你可以干干净净、清清爽爽，也可以邋邋遢遢、不修边幅；你可以蹉跎、怠惰，也可以雄心勃勃……难道你不能自己作选择吗？这，不用想，你当然能。

一个能成就一番事业的人，定是一个心胸开阔的人。青年人要成大事，一定要有一个开阔的胸怀，只有养成了使自己的胸襟开阔，坦然面对、包容一些人和事的习惯，才会在将来取得事业上的成功与辉煌！

能容人处且容人

宽容别人等于善待自己，宽容别人的缺点，缺点是每个人都有的；宽容别人无心的过失，那常常是谁也不能去主宰的；宽容会使你学会如何去欣赏别人，也让别人学会如何来欣赏你。学会宽容就不要对自己的缺点错误宽容，只有不断发现并改正它们，你才能不断丰富自己的思想境界，让别人更加欣赏你。

宽容并不是包庇、姑息，而是正视缺点、错误，正确地合理地去帮助别人共同去克服和改正缺点，不是对别人的过失、缺点横眉冷眼的指责。宽容并不等于懦弱，我们是用爱心净化世界，而绝不是含着眼泪退避三舍。宽容是天平一端的砝码，不停地维持着被打破的平衡，是人世间永恒的爱和被爱。互相宽容的朋友一定百年同舟，互相宽容的婚姻一定长长久久，互相宽容的世界一定和平美丽。我们来到这个世界只有两大重要使命：一是丰富这个世界，二是完善这个世界。用宽容作武器，可以化解世界上的一切矛盾。

18世纪的法国科学家普鲁斯特和贝索勒是一对论敌，他们对定比定律的争论长达9年之久，各执一词，谁也不让谁。

最后的结果，是以普鲁斯特胜利而告终，普鲁斯特成为了定比这一科学定律的发明者。

普鲁斯特并未因此而得意忘形，据天功为己有。他真诚地对曾激烈反对过他的论敌贝索勒说："要不是你一次次的质疑，我是很难深入地研究这个定比定律的。"

同时，他特别向公众宣告，发现定比定律，贝索勒有一半的功劳。

佛祖曾经讲过：宽容是对别人的尊重，心中坦荡，心中大公无私。在佛陀心中，宽容就是一种广大之爱，这种爱不是与生俱来的，它需要我们学习知识不断提升自己。宽容是处世哲学的一种胸怀。普通人觉得宽容就如同在退缩，其实宽容是心灵美好的一种外延。人与人之间若是彼此相互宽容，自然也就没有隔阂，人们在工作上可能会更加努力，更有效率。那些知道宽容之道的人知道应该如何处世对人，所以，他们与人合作起来更加融洽，更容易与别人达成一致。佛陀为我们做好了宽容的表率，我们无法与佛祖相比，但是若可以将内心中的宽容唤醒，学会与人分享，那自然会得到快乐。

佛陀有很多兄弟，他与这些兄弟之间的关系也非常融洽，但是提婆达多却一直与佛陀的关系比较紧张。有一天，提婆达多突然得了一种奇怪的病，很多医生对此都是束手无策。佛陀知道了这件事，立即前去探望提婆达多。

第四章
宽容他人，心中必定流淌愉悦

佛陀坐在提婆达多病床前，说："我如果对我堂哥提婆达多的爱像亲生儿子一样，我堂兄弟的病，就应该立刻好起来。"说来奇怪，没过几天，提婆达多的病就自动痊愈了。

一位弟子问佛陀："他与您向来不睦，您为何要帮助他？他曾经多次对您进行伤害，甚至想置您于死地啊！"

佛陀说："对于一部分宽容，却不能宽容所有的人，这不合乎道理，这与道义也不相符。众生平等，每个人都希望自己过得快乐，没有人希望自己不快乐或是痛苦。所以，我们宽容的不仅仅是那一部分人，真正的宽容是不管这个人是否对你进行或造成伤害，我们对任何人都应该有慈悲之心。记住，在佛的心中，众生皆平等。"

宽容是温暖明亮的阳光，可以融化人内心的冰点，让这个世界充满浓浓暖意。

宽容是甘甜柔软的春雨，可以滋润人内心的焦渴，给这个世界带来勃勃生机。

宽容是人性美丽的花朵，可以慰藉人内心的不平，给这个世界带来幸福希望。

一个不会宽容，只知苛求的人，心理往往处于紧张状态，导致神经兴奋、血管收缩、血压升高，使心理、生理进入恶性循环。心中装着仇恨，人生是痛苦的、不幸的，只有放下仇恨选择宽容，纠缠在心中的死结才会豁然脱开，心中才会安详、纯净。忘掉仇恨，远离仇恨，用一颗宽容的心去宽容一切，拥抱一切，和谐共存是永恒的主题，相信爱能征服一切。

在日常生活中，同事、朋友间难免有矛盾、有争执，家庭中夫妻互骂、兄弟反目、婆媳失和等也不鲜见。如果事后大家平心对待、互相理解，或者事前能多一分宽容、多一分忍让，这类不愉快的事情是不会经常发生或者本身就可以避免的。

大千世界，难免有被人误会的时候，如果一点误会你都容不下，你的心胸是不是有点太过于狭窄了呢？

宽恕别人就是善待自己，你希望别人善待自己，就要善待别人，要将心比心，多给人一些关怀、尊重和理解，人总是喜欢和宽容厚道的人交朋友，正所谓"宽则得众"。

宽容是一种修养。当然宽恕伤害自己的人不是一件容易做到的事，要把怨气甚至仇恨从心里驱赶出去，的确需要极大的勇气和胸襟。韩国总统金大中正式就职后，公开在总统府招待了曾经迫害过他的四位前任韩国总统。他以具体行动化解了政治仇恨，展现了伟大的恕人之道。在轰动一时的光州大审判中，他曾被政府判处死刑，当时他曾立下遗嘱，要求他的家人和同志不要报仇，让政治迫害就到此为止。他宽广的心胸、伟大的情操令无数世人尊敬。

一个人的心如同一个容器，当爱越来越多的时候，仇恨就会被挤出去。人不需要一味地去消除仇恨，而是要不断用爱来充满内心，用关怀来滋润胸襟，仇恨自然就没有容身之处。所以，能容人处且容人，原谅那个曾经或者正在伤害你的人，你的世界里会永远充满着阳光和爱。

处事留余地，凡事莫做绝

古人云："处事须留余地，责善切戒尽言。"留余地，其实包含两方面的意思，给别人留余地，无论在什么情况下，也

第四章
宽容他人，心中必定流淌愉悦

不要把别人推向绝路，万不可逼人于死地，迫使对方做出极端的反抗，这样一来，事情的结果对彼此都没有好处。另一方面，给自己留余地，让自己行不至绝处，言不至于极端，有进有退，以便日后更能机动灵活地处理事务，解决复杂多变的问题。

人都有求生存、求发展的本能，如果有百条生存之路可行，在竞争中给他断去99条，留一点余地给他，他也不会跟你拼命。倘若连他最后一条路也断了，那么，他一定会揭竿而起，拼命反抗。想一想，世界之大，何必逼人无奈，激人至此呢？给别人留余地，本质上也是给自己留余地。断尽别人的路径，自己的路径亦危；敲碎别人的饭碗，自己的饭碗也脆。

清朝红顶官商胡雪岩就是一个很好的例子：他宽容有度的胸襟，为他在商场中奠定了深厚的基础。

饶人一条路，伤人一堵墙。多个朋友多条路，多个冤家多堵墙。以信为本，得饶人处且饶人。不给别人留余地，就等于伸手打别人耳光的同时，也在打自己的耳光。人生就是这样，不让别人为难，不让自己为难，让别人活得轻松，让自己活得自在，这就是留余地的妙处。给别人留有余地，他一定会感激你、协助你，这也就等于给了自己一次成功的机会。

所以，你要培养自己的这种美德，切忌如下"四绝"：权力不可使绝，金钱不可用绝，言语不可说绝，事情不可做绝。放别人一条生路，让他有个台阶下，为他留点面子和立足之地，这不太容易做到，但如果能做到，对自己则好处多多。首先，得理不饶人，让对方走投无路，有可能激起对方"求生"的意志，而既然是"求生"就有可能是不择手段，这就好比把老鼠关在房间内，不让其逃出，老鼠为了求生，就要咬坏你家中的器物。

放他一条生路,他"逃命"要紧,便不会对你造成伤害。其次,人海茫茫,却常"后会有期",你今天得理不饶人,焉知他日不二人狭路相逢?若届时他势旺你势弱,你就有可能吃亏。我们为自己的利益锱铢必较、每分必争,这是无可厚非的,但有时候后退一步,给别人一个机会,对自己未尝不是一件好事。留三分余地给别人,就是留三分余地给自己。

《宋稗类钞》中载有这样一件事:宋朝有个名叫苏掖的常州人,官至州县监察官,十分有钱,却非常吝啬,常常在置办田产或房产时,不肯付足对方应得的钱。有时候,为了少付一文钱,他都会与人争得面红耳赤。他还最喜欢趁别人困窘危急之时,压低对方急于出售的房产、地产及其他物品的价格,从中牟取暴利。有一次,他准备买下一户破产人家的大宅院,竭力压低房价,与对方争执不休。他儿子实在看不下去了,忍不住发话道:"爸爸,您还是多给人家一点钱吧!说不定将来哪一天,儿孙辈会出于无奈而卖掉这座大宅院,希望那时也有人给个好价钱。"苏掖听儿子这么一说,又吃惊,又羞愧,从此开始有所醒悟了。

社会竞争,并不是每次都要把竞争对手置于死地,共同竞争、在竞争中共同发展才是竞争的根本目的。进入社会并非只有无情的打杀和残酷的竞争,即使在 21 世纪经济高度发达的今天,人类文明所推崇的基本道德依然受到广泛的赞誉。何况世界之大,任何人都不可能独霸天下。

让步才能进步，低头才能出头

适当低一下头也是一种宝贵的智慧，可以使自己得到更好的生存机会，低头之后才能出头！有能让你低头的人，有让你低头的事，这就是你的幸运、你的福气。

面对矛盾，一般最简单的做法就是用强去争，但可能对方比你还强，你用强人亦用强，结果就不那么妙了。实际上，在聪明人看来，低头不单能缓和矛盾，也能化解矛盾，而争只有在极端的情况下才能解决矛盾，在多数情况下只能是激化矛盾。在很多事情上，头低一些，退让一步，不但自己过得去，别人也过得去，产生矛盾的基础就不复存在，矛盾自然就化解了。彼此能够相安，离祸端就远了。

事实上，"争"与"让"并非总是不相容，反倒经常互补。在生意场上也好，在外交场合也好，在个人之间、集团之间，也不是一个劲"争"到底，忍让、妥协、牺牲有时也很必要。

作为个人，适当低一下头也是一种宝贵的智慧，可以使自己得到更好的生存机会。隐忍退让仍然能够提供成功有效的经营策略。

有些人看上去平平常常，甚至还给人窝囊不中用的感觉。然而这样的人并不可小看，机会常常与他握手。因为，越是这样的人，越是在胸中隐藏着高远的志向抱负，而他这种表面"无能"，正是他心高气不傲、富有忍耐力和成大事讲策略的表现。这种人往往能高能低、能上能下，具有一般人所没有的远见卓识和深厚城府。

让步才能进步，低头之后才能出头，所以说，从某个角度来看，有能让你低头的人，有让你低头的事，就是你的幸运、你的福气。

人都有出头的欲望,但出头不能强出。"烦恼皆因强出头",这句话可以说是生存处世的经验之谈。适当的时候要"低头"。低头并不是什么见不得人的事情,毕竟一时低头,可以得到暂时的喘息机会,可以换来危机的化解,可以使原本不可能做到的事情变得可能;一时的低头,有助于达成实现生存和更高远的目标,从而最终达到出头的目的。

当你在人生的丛林中碰到对你不利的环境时,千万别逞血气之勇,也千万别认为"可杀不可辱"。宁可低头,吃点眼前亏,你才能继续聚集实力,才能同他人保持一种和谐共处的关系,也才能通过冷静的观察,掌握大环境的趋势和脉搏,等到各方面条件皆已成熟时脱颖而出!

别对自己太苛刻

严以律己,宽以待人,这是我们应该恪守的准则。因此有的人认为对别人宽容就行了,对自己却要苛刻,要时时告诫自己,一定要努力努力再努力,绝对不允许自己出一丁点差错。如果出了一丁点差错,就不能原谅自己,整日活在自责与愧疚之中,走不出自己为自己设置的阴影,不敢再有新的尝试,这样人的一辈子也就完了。

其实我们完全没有必要这样,因为我们毕竟不是圣人,也不是神仙,没有必要把自己想得那么重要。有些事情过去了就让它过去吧,无谓的耿耿于怀也无济于事。我们的一生都是在错误当中摸爬滚打过来的,错误也不都是没有一点意义,至少它可以让我们吸取教训，免得第二次再犯同样的错误。既然这样，我们就不应该停留在错误的本身，而毁了自己的未来。

人有失手，马有失蹄，一旦错了，难道非要给自己的心灵加上一把无形的枷锁？为了继续实现自己的价值，我们必须理智点，果断地把过去翻过去，再去寻求新的自我、新的快乐。要明白一个人首先要懂得善待自己，才能更好地善待别人。如果连自己都不爱惜、不尊重，要善待别人就成了奇谈，成了宽容他人，心中必定流淌愉悦空话。

别太苛刻自己，不仅表现在正视和宽容自己的过失上，还应该表现在我们应该适当地给自己放假，凡事不要把自己逼得太紧，该放松的时候放松，何苦自己为难自己呢？

有人懂得宽容自己，因此他们过得很快乐；也有人为了一个小小的过失就忧心忡忡、患得患失，这样的人生未免有点低落，有点遗憾。如果说人生是一幅让你着色的画，你能忍心让它满是灰色？懂得着亮色的人，一定是懂得生活的人，也一定是快乐的人。善待自己，宽容自己，才能让自己快乐，才算"活过"，要知道活着与活过永远也不可能等同，而快乐地活着才是真正的活过。

忙碌的人，请放慢你的脚步，欣赏一下周围美丽的风景；紧张的人，请听一下音乐，舒缓一下你紧绷的神经。不要总是为了争第一而埋头学习，不要总是为了当先进而拼命工作。如果你有什么愿望，就尽量去实现，不要苦了自己。努力工作、学习本来就是为了我们过得更好一些，为什么我们还要活得那么累呢？

别太苛刻自己，你会发现生活是多么的美好。

宽恕为美，淡忘尤佳

诗人白朗宁说："宽恕为美，淡忘尤佳。"这句富有哲理的话可以说是摆脱人生烦恼的金玉良言。

即使被脚踩扁了，玫瑰花仍会把香味留在鞋上，这就是宽恕。由宽大为怀到尽释前嫌，你已拥有博大的胸襟，并开始逐步地、有意识地释放自己的愤怒与不平。如果你对过去的行为过分自责，势必会让自己感到内疚。而当你忙着自责时，你根本无暇顾及从中吸取经验。我们觉得难以宽恕，只因为责备时有快感。我们谴责别人，并不能使自己高人一等，因为，我们没有权利去责备或仇恨任何人。最行之有效的宽恕是主动的宽恕，它能把你的善意转变成有创造力的善行。

假使你做了违背自己的价值观和道德观的事，你的行为和你的原则之间就会出现一道裂缝，此时你应重新找回真正的自我，当然，这并不意味着你可以一错再错。但是，过度的自责、悔恨也是愚蠢的、于事无补的，而且过分地自我惩罚只会使你越发偏离你的道德标准。

心胸豁达，宽恕容人，对于改善人际关系和身心健康都是大有裨益的。事实证明，不能宽恕待人，也必然会伤及自身。对自己或别人过分地苛求，必定处于情绪紧张、心理不平衡的精神状态之中。内心的矛盾冲突或危机情绪难以解脱，会直接影响身心健康。可以说，宽容也是一种良好的心理品质。一个人能顾全大局，或暂时抛弃个人的利益，这恰恰是思想境界较高的表现，这样的人在人际交往中往往能够顺风顺水。"人非圣贤，孰能无过"，任何人都有缺点，所以千万不要过分苛刻地要求别人。

第四章
宽容他人，心中必定流淌愉悦

最难的一种宽恕，就是对自己的宽恕。现实生活中，你可能受到过极大的委屈、极深的伤害，而且这一切似乎是不可原谅的。但是，如果你的心中因此而充满仇恨以及复仇的想法，那你只会陷入自我折磨的情绪之中，永远无法自拔。此时，你必须强迫自己把眼光放长远一些，只有这样，才能消解你受伤害的情绪，不至于沉溺在怒火和仇恨之中。通过宽恕，你能忘却那些痛苦的回忆，重新获得心灵的自由。当你最终能够从中解脱时，你也许会发现这是生命成长过程中必修的一课。

宽恕猜忌、仇恨、虚伪和罪恶，接受别人的渺小和缺憾是生命成长的必经之路。宽恕别人的同时，我们的生命也得到了解脱；容纳别人的同时，我们自己也在强大。真与假、善与恶、美与丑，往往盘根错节地交织在一起。生命或许矛盾重重，而真正的智者会在包容中永生。

宽恕他人，我们才能得以解脱。经常让憎恨在心中驻留，受害的只能是自己。从现在开始，我们好好反省一下，化解心中的怨恨，宽恕他人的过失，让心中一切的不快统统消失。一个心胸博大，不拘小节的人，所有人都会喜欢他，同时他的身体也一定会很健康。如果你能经常制造出快乐的情绪，久而久之，你就会发现，自己做事变得很得心应手，来自各方面的支持力量，会使你转败为胜，步入成功的殿堂。

那么，如何宽恕他人并善待自己呢？道理很简单，你在宽恕他人的同时，也是在宽恕自己；你在善待他人的同时，也是在善待自己。你想别人如何待你，你首先就要想如何对待别人。这是大自然的奥秘，任何事物的发生与发展都是相互的，你在给别人机会的同时，也是在给自己机会。

身体和内心的病痛很多都来自我们不能够善待与宽恕他人，如果在你内心深处有一个让你久久不能忘怀的人，又确实很难宽恕他的过失，那就证明，这个人正是你最应该宽恕的人。只要你下定决心，对他说："我准备宽恕你以往的过失和给我带来的痛苦，让你自由，也让我自由。"这样，你不仅解放了他人，也解放了自己。从今往后，你会一身轻松，因为多年的怨恨在自己宽恕他人时得到释放，自身也得到了解脱。

天的博大在于它能包容万物，万物尽在它的胸怀之中。人的力量也是在于其博大的胸怀，因其博大而掌控万物。

天大地大，唯心能容

雨果曾说过，世界上最宽阔的东西是海洋，比海洋更宽阔的是天空，比天空更宽阔的是人的胸怀。

民族英雄林则徐题于书室的一副自勉联："海纳百川，有容乃大；壁立千仞，无欲则刚。"寓意为要像大海能容纳无数江河水一样的胸襟宽广，就是说要豁达大度、胸怀宽阔，这也是一个人有修养的表现。那些具有像大海一样广泛胸怀的人都被人们看作是可敬的人。

豁达大度、胸怀宽阔是一种修养，也是人类美德的重要内容。

"心"是世界上最难揣测之物：世界上最小的是"心"，因为它有时比针眼还要小；世界上最大的也是"心"，因为它可以容下万事万物。心胸宽广与否全靠自我修养与自我超越。豁达大度、胸怀宽阔既是一种境界，是一种气度，也是通往成功的阶梯。纵观历史上曾经叱咤风云的大人物无一不是有着宽广的胸怀，能容他人所不能容而名扬世界。

反观历史上那些善于妒忌之人，遇到一点不满便记恨在心，怨天尤人，这些人纵然学问再好，也难成大器。一个人最可悲的是无知，最可怜的是浅薄，最可贵的是有一颗包容的心。

宽容也好，包容也好，最重要的是要有容人之心。

我们拥有宽容的心，就能解人之难，补人之过，扬人之长，谅人之短；我们为人宽容，就能赢得友谊，获得更多的朋友。一个人真诚地宽容别人的过失，他的境界就上升了一个层次；一个人学会了宽容，他就掌握了一种自我提高的有效方法。

人与人之间存在各种各样的差异，需要相互宽容，需要尊重彼此的个性。我们不能因为存在矛盾就拒绝合作、回避交往。和而不同，求同存异，是我们宽容合作的基础。

在现实生活中，"宰相肚里能撑船"，拥有这样的胸襟的人，得到了世人的尊重和钦佩。拥有宽容的心，能使宽厚仁慈者备受鼓励，增强信心，拥有前进的动力。我们要能容忍他人的缺点，容得下别人比我们强。当我们做到了这一点，我们就能产生超越别人的信念，拥有成就大业的利器，找到获得快乐幸福的妙门。

以德报怨，化敌为友

人活一世，免不了有恩怨情仇。人在各种关系交织的社会中求生存、寻幸福，就逐渐有了不少经验教训、行为规范。以德报怨，也就是意味着我们给予与自己利益冲突者以某种巨大的利益。所以，在逻辑关系上，以德报怨这个行动的确存在着矛盾。如果和别人有利益冲突，反而用给予别人利益的手段来处理双方关系，那么这个矛盾是否有利于我们自己的呢？

凡是受到别人不公正对待的人，大概会有两种回应的办法。一是"以其人之道，还治其人之身"，也就是以怨报怨。你欺骗我，我也欺骗你，用这种方法来教训那些办坏事或破坏规则的人，他们吸取了教训或许会改弦易辙。第二就是"以德报怨"。你对我搞阴谋诡计，我仍旧对你友好。这个是基于相信人之初性本善，每个人都有善的基因，只要有足够的力量，用善和广大的胸怀去感动他人，坏人也能变为好人。但是如果纯粹以德报怨，那些坏人可能会得寸进尺，并不把你的德和忍放在心里，反而以为你好欺负。而且你对好人、坏人都施以同样的德，这对好人也不公平。因此，以德报怨需要很高的修养和宽广的胸怀，一般人很难做到，但我们可以努力靠近。

以怨报怨并不错，甚至应该说是一种相当有效的制裁坏人的办法。法律对坏人的制裁就是顺这条思路来的。但是光靠法律很难把坏人改造成好人，所以在监狱里还要对犯人尊重、教育，甚至爱护，这才能使犯人出狱之后幡然改悔，重新做人。

以怨报怨还会产生一个危险的后果。拿出租车司机多收钱的例子看，如果我们以他犯规为借口拒绝付费，他吃了哑巴亏，没处告状，心中会产生不平，而且很可能得出这样的结论：这个世界就是黑吃黑。他以后得到机会一定会更狠地宰客，以补偿他这次的损失。如果人与人之间的关系普遍用这种原则处理，人人都要随时提防别人的暗算，这个世界将变得相当可怕。这样的世界肯定不是我们希望生活在其中的一个世界，不是一个理想的世界。受到他人无理的谩骂，若能以善待恶、以德报怨，自然能消除是非；若以怨报怨、以恶待恶，将会形成恶的循环！

一个不肯原谅别人的人,就是不给自己留余地,因为每一个人都有犯过错而需要别人原谅的时候。对于与自己有仇怨的人,我们应该尽量去包容他,用以德报怨去对待他。如果帮助一个与自己私人利益有严重冲突的仇人能使一方人得幸福,就要施以这个恩德。如果宽容一个与我们有历史仇恨的民族能使一个地区、一个洲,甚至人类群体得大利,我们就要去宽容,我们就要以德报怨!用宽容和善良去触碰人们心中最柔软的地方,就算是铁石心肠的人也会感动。

微风虽轻,却能平息最汹涌的海浪;水虽柔软,却能摧毁最坚固的城堡。以德报怨就似一阵微风,能平息人们心中报复的火焰;就如一丝流水,能摧毁人们心中富有敌意的城堡。这就是以德报怨,它是一种无坚不摧的力量。

想得远才能走得远

舞台,就是施展个人魅力和才华的一个空间,而心中的舞台就是我们人生的舞台。在人生的大舞台上,你表演得是否精彩取决于自己的"心"。而这里的心有多大,可以有两种理解:一种是心中的梦想与志向,一种是心胸的宽广与气度。

每个人的心中都有一个梦想,虽然只是一个梦想,却是无数成功的开始。拥有一个美丽的梦想,就拥有了一个明确目标,然后能够正确去面对一切困难、一切挑战,不断地尝试着,不断地努力着,用行动来坚持,心目中的梦想就不会太遥远!

拿破仑说:"凡是人心所能想象并且相信的,终必能够实现。"你希望成为什么样的人,就能成为什么样的人。任何有决心，有准备，志在必得的人，有朝一日他必能实现心中的梦想。

一个建筑工地上有三个工人在砌一堵墙。

有人过来问："你们在做什么？"

第一个人没好气地回答道："你没看见吗？我在砌墙。"

第二个人抬头笑了笑说："我们在盖一幢楼。"

第三个人一边干一边哼着歌曲，他的笑容很灿烂很开心，他说："我们在建一个城市。"

十年后，第一个人在第二个人的工地上砌墙；第二个人坐在办公室里画图纸，他成了工程师；第三个人呢，是前面两个人的老板。

格局决定布局，布局决定结局。三个人原本是一样的境况，对一个问题的三种不同回答，反映出他们的三种不同的人生志向。十年后还在砌墙的那位胸无大志，当上工程师的那位理想比较现实，成为老板的那位志存高远。

如果我们的格局只是一个杯子的大小，那么最多就只能装一个杯子的水；如果我们能把心中的杯子变成一个湖的话，可以装的水就变多了；如果我们的心中是条河，是一片海洋……当格局越来越大的时候我们可以装进去的东西也会越来越多。

观念决定行动，思路决定出路。心有多大舞台就有多大，不同的人生志向决定了不同的命运；想得最远的也走得最远，没有想法的只能在原地踏步。世界畅销书作者马克·汉森说过："唯有不可思议的目标才能产生不可思议的结果。"

故事中的三个人，他们不一样的人生态度也决定了他们不一样的人生。第一个人充满怨气，第二个人比较乐观，第三个人则给人的感觉是心胸开阔、乐观自信。一个人的心胸是否宽广也决定了他们的梦想与志向。一个整天报怨、愁眉苦脸的人，是不会拥有志向高远的梦想的。你就是将一个美好的梦想送给他，他也有可能报怨你为什么给他的只是个梦想，而不是结果。

"心有多大"，这个心不仅包括一个梦想、宽广的胸怀，还应该包括自信心、决心和恒心。只有充满自信，并下定决心、排除万难、持之以恒，才能在人生这个舞台上大有作为。

所谓胸怀，就是一股用天下之材、尽天下之利的气度，当然，还包括相当程度的包容——对异己的包容，对陌生的包容，对不如己者的包容。只有这样，你才会形成一种从广大处觅人生的态度，把生命的境界做大，把事业做大。人的知识是学出来的，人的能力是练出来的，而人的胸怀是修出来的！因为心有多大，人的思维格局就有多大，它不受任何空间的限制，这也就是心容环宇的概念。

一开始心中怀有最终目标，就会呈现出与众不同的眼界。相信自己，没有做不到的，只有想不到的。

静坐常思己过，闲谈莫论人非

"静坐常思己过"，是一种反省的功夫。假如我们能在静下来的时候，想想自己在为人处世方面有疏忽或亏欠的地方，自然就减少了对别人抱怨、嫉恨或报复的情绪；同时也能由于明白了自己的过失而得到一些警惕，让自己以后不再犯同样的过错。这是前人劝我们"静坐常思己过"的真正意义。

至于"闲谈莫论人非"则更是我们为人处世的一条金科玉律。把谈论别人是非的精神用来"常思己过"，既可减少得罪人的机会,又可随时改正自己的缺点,可以说是一举两得。

有人说:"假如我们都知道别人在背后怎样谈论我们的话,恐怕连一个朋友也没有了。"这并不是一句否定人与人之间友情的话,相反地,它正可以告诉我们,对背后的闲话尽可不必去认真打听和计较。

曾经有一个小和尚非常苦恼,因为师兄师弟们总是在说他的闲话。无处不在的闲话让他无所适从。

念经的时候,他的心不在经文上,而是在那些闲话上。于是,他便跑去向师父告状:"师父,他们老说我的闲话。"师父双目微闭,轻轻说了一句:"是你自己老说闲话。"

"师父,他们瞎操闲心。"小和尚不服气地说。

"不是他们瞎操闲心,是你自己瞎操闲心。"

"他们多管闲事。"

"不是他们多管闲事,是你自己多管闲事。"

"师父您为什么这么说呢?我管的都是自己的事啊。"

"操闲心、说闲话、管闲事,那是他们的事,就让他们做去,与你何干?你不好好念经,老想着他们操闲心,不是你在操闲心吗?老说他们说闲话,不是你在说闲话吗?老管他们说闲话的事,不也是你在管闲事吗……"

话未说完,小和尚茅塞顿开。

要知道,人们背后一时兴之所至,谈到了你的过错或缺点,说了对你不利的话,这是人之常情。即使他是你的朋友,偶尔一两次顺口说来的话,也并不证明他不够朋友。假如你不知道,这事情就会和根本没有发生过一样。

可是,假如你时常担心别人背后对你的谈论,而要千方百计地去打听的话，传话的人可能会把事情夸张些或歪曲些。这样一来，本是无意之间的闲谈，就会成为相当严重的有意中伤，当然就会影响到朋友之间的感情。假如你喜欢你的朋友，在传话的人面前，你反而应该替他辩护一下或澄清一下才对。因为这是换得朋友对你的信任及杜绝闲话的最好办法。

朋友之间的感情本不是短时间可以建立起来的。在彼此交往期间，不计较小的恩怨，适当地消除小的误会，原谅对方有意无意的错误等等，都是使友谊巩固和增进的最好办法。许多人一生交不到一个朋友，那就是因为他太斤斤计较了。要知道，世间有几个人没有缺点和没有粗心大意的时候呢？假如别人也同样地来计较我们的过失的话，我们不是也会成为孤苦伶仃的可怜人了吗？

不管是家庭内部，还是邻里之间、朋友之间、同事之间，假如大家见了面都是一团和气，彼此心中没有成见，没有意气用事的地方，嘻嘻哈哈，有说有笑，那该多好！而这种快乐气氛的形成，就是靠着每一个人从本身做起的一种宽厚、容忍的功夫。

平时对人抱持一个"恕"字，时时去欣赏别人的好处，记着别人的好处，忘掉别人的错处，原谅别人的缺点，不去故意挑剔别人，这就可以获得一种心安理得的快乐。旧式大家庭里常常因为人多嘴杂，彼此之间堆满了猜忌和嫌怨，往往养成人们尖酸刻薄、睚眦必报的习惯。

常见有人在说话方面不饶人，你损我一句，我必定要报复你三句，认为这就是精神上莫大的胜利。可是事实上，我们知道，无论所争执的事是大是小，既有争执和意见，心里就不会舒服；

无论自己是胜是败,精神上总难免受到一定的损失。为琐屑小事争强好胜的结果,必定会把无意变为有意,把小事扩大为大事,以后就更难和平相处了。

"和气可以致祥",若要使自己生活得愉快祥和,就不要忘记"和气"二字。和气并非软弱,一个懂得"和气"二字用处的人,和气会成为他的无形武器。和气不但可以使人避免卷入无益争论的旋涡,还可以帮人克服对他有所不利的敌人,而且可以更进一步把敌人化为朋友。

把谈论人非的精神用来常思己过,既可以降低得罪他人的概率,也可纠正自己的错误。适度地保持一份静思、一份沉默,用更多的时间来使自己在混乱不安的尘世间保持清醒,此乃修身养性之道,此乃皆大欢喜之事,何乐而不为呢?

第五章

磨难,让生命更有厚度

懂得感恩，收获好人缘

古人说："滴水之恩，当涌泉相报。"因为，感恩是一种美德。而一个智慧的人，不应该为自己没有的斤斤计较，也不应该一味地索取，使自己的私欲膨胀，而是要学会感恩。

有一位老板生意做得很大，并且非常成功，赚了许多钱。为追求更多的利润，他对员工很严格，甚至很苛刻。员工犯了错，他常厉声责骂，丝毫不给员工留情面，因此公司里的员工对他都心存畏惧。

这位老板的母亲对儿子粗鲁的言行也略有耳闻，她一直想规劝儿子，但没有合适的时机。

有一次，当这位老板和家人共进晚餐时，电话突然响起。这位老板在电话里大骂销售部经理办事不力，让公司销售额略有下滑。

当他怒气冲冲回到餐桌继续用餐时，他的母亲便对他说："你这样对待你的员工是不对的！你不要因为自己生意做得很大就自认为了不起。你要知道，如果没有那些员工，你只不过是'垃圾堆里的老板'，你自己好好想老板听完母亲的话后，一脸茫然，完全不知他母亲所说的"垃圾堆里的老板"是什么意思。

有一次，公司放假，这位老板想到办公室去处理一些事情。

他到了办公室后,发觉办公室没有人清扫,显得有些凌乱,和平日整洁明亮的情景大不相同。他想喝杯咖啡,却发觉自己连烧水用的水壶都不会使用。

过了一会儿,老板开始处理些事情,但是他找不到相关文件,找不到档案,想发电子邮件给客户也没有秘书帮他打字。结果忙了大半天,却没能顺利地完成一件事。这时他顿悟了他母亲所说的"没有那些员工,你不过是'垃圾堆里的老板'"这句话的含意。

此时,这位老板恍然大悟:"原来我生意之所以能够成功,都是这些员工平日辛苦所换来的,并不是我一个人的功劳啊!没有他们,我怎么会有今天的成就呢?我实在应该把他们看成我的恩人才对啊!"

这位老板自从领悟了这个道理之后,一改以往对待员工的苛责、刻薄的态度,代之以对员工的鼓励、信任,并提高了员工的福利待遇。员工们感受到老板明显的改变后,都很惊讶,为了回报老板为他们所做的一切,大家都更加努力工作。结果,公司的业绩更上一层楼。

当然,在生活中不仅仅是老板应该对员工感恩,我们也应该对每个人表示感恩,父母子女之间如此,同事之间如此,夫妻之间亦应如此。作为一个人,不要过多地奢求什么,不要过分地抱怨生活的不公、命运的不平、造物的弄人,也不要去憎恨曾经伤害你的人。相反,我们应该常怀一颗感恩的心,我们要感谢大自然,感谢父母兄弟,感谢师长爱人,感谢朋友路人,甚至感谢我们的仇家……总之,我们要感恩于这个世界上一切帮助过我们的人或事物。

然而我们每个人每天的生活都在仰赖着他人的奉献，却忘记了要感恩，也有的人一旦受到了一丁点委屈，就会去仇视伤害他的人。心怀感恩是维系人际关系的不二法门。我们应该放下抱怨、苛责、仇恨，心怀感激，对他人的付出有所回报，这样你的人际关系就会越来越好，而你自己也会从中受益更多。

在生活中，只要有机会，你就应该把你的感恩之心表达出来。当你懂得感恩时，你就会获得好人缘，就会获得他人的帮助与支持，由此你会更加幸福。

感恩让内心变得清澈

人生在世，不可能一帆风顺，种种失败、无奈都需要我们勇敢地面对，豁达地处理。这时，是一味地埋怨生活，从此变得消沉、萎靡不振，还是对生活满怀感恩，跌倒了再爬起来？英国作家萨克雷说："生活就是一面镜子，你笑，它也笑；你哭，它也哭。"你感恩生活，生活将赐予你灿烂的阳光；你不感恩，只知一味地怨天尤人，最终可能一无所有！成功时，感恩的理由固然能找到许多；失败时，不感恩的借口却只需一个。殊不知，失败或不幸时更应该感恩生活。

深秋，树上的叶子落光了。几只蚂蚁有些冷，便钻在树叶下避风取暖。

蚂蚁对树叶说："都说蚂蚁渺小无用，我看你们才渺小无用。你们一生当中，没半点自由，一直到了老了枯干，落在地上，也不能走上几步到自己喜欢的地方玩耍玩耍。只有秋风可怜你们，把你们吹动几步，给你们一点自由。唉，可怜的黄叶，可惜你们很快就将变成尘土了……"

枯叶说:"渺小无妨,今天我能给你们挡一会儿寒冷,就已心满意足了。"

旁边的一棵大树听了它们的话,对蚂蚁说:"蚂蚁兄弟,每当别人称赞我是一棵栋梁之材时,我心里便觉惭愧,没有这些树叶,我能长大成材吗?我要从心里喊一声:树叶万岁!"

树叶的伟大之处正在于它的无私奉献,只问付出,不问收获。它染绿了这个世界,使天地间的一切变得生机勃勃,而当深秋来临的时候却又无声无息地悄然而逝,并用生命中最后的余热为几只蚂蚁取暖。

我们总是想着自己的遭遇,总是抱怨社会的不公,但是如果换位想一想,如果我们能够用感恩的心来对待生活,也许我们就可以过得更快乐一些。其实值得感恩的不仅仅是上苍,我们对父母、亲朋、同学、同事、领导、部下、政府、社会等都应始终抱有感恩之心。我们的生命、健康、财富以及我们每天享受着的空气、阳光、水源,莫不应在我们的感恩之列。一位盲人曾经请人在自己乞讨用的牌子上这样写道:"春天就要来了,而我却看不到她。"我们与这位盲人相比,进一步说与那些失去生命和自由的人相比,目前能这样快快乐乐地活在世界上,谁说不是一种命运的恩赐呢?我们还有什么理由总去抱怨命运给自己的不幸和不平呢?

所以,尽管苦难不能忘记,罪恶必须得到惩罚,但我们也的确应常怀感恩的心,并努力回报那些给予我们恩情的组织和人们。感恩父母,是他们让我们有机会看到这个精彩纷呈的世界;感恩母校,是各位师长培育我们成长;感恩组织,是组织在我们需要工作机会的时候，给我们提供了工作机会，使我们能够在工作中继续学习锻炼而且不仅不用再交学费，还能获得报酬；感恩领导，是他的责骂、严格要求和言传身教，使我们不断成长和进步，使我们没有陷于懒散和放任的泥潭；感恩同事，是他们与我们一起工作和奋斗，共同开拓着未来；感恩社会，是社会给我们提供了这样一个美好的时代和自由生活的舞台；感恩政府，是政府给我们提供了这样一个安宁和有秩序的社会环境，使我们免受混乱；感恩员工，是他们的鼎力支持和努力工作才使我们做领导的有所成就……

感恩是一个人与生俱来的本性，是一个人不可磨灭的良知，也是现代社会成功人士健康心理的表现。一个连感恩都不知晓的人必定是拥有一颗冷酷绝情的心。在人生的道路上，随时都会产生令人动容的感恩之事。感恩不仅仅是为了报恩，因为有些恩情是我们无法回报的，有些恩情更不是等量回报就能一笔还清的，唯有用纯真的心灵去感恩、去铭记，才能真正对得起给你恩惠的人。

感恩是生活中最大的智慧。时常拥有感恩之情，我们便会时刻有报恩之心。有了报恩之心，就会把成就归功于大家，失误归于自己；就会记住他人的好，不断提高自己。而牺牲精神便会凝聚在我们体内，当需要放弃个人英雄主义时，我们坦然面对；在组织有困难的时候，甘愿做出自我利益的牺牲；在他人困难的时候，甘愿不计利益提供帮助。

常怀感恩之心，我们便会更加感激和怀想那些有恩于我们却不言回报的每一个人。正是因为他们的存在，我们才有了今天的幸福和喜悦。常怀感恩之心，便会以给予别人更多的帮助和鼓励为最大的快乐，便能对落难或者绝处求生的人们伸出富有爱心的援助之手，而且不求回报。常怀感恩之心，对别人和环境就会少一分挑剔，而多一分欣赏。

感恩之心能使我们为自己的过错或罪行发自内心忏悔并主动接受应有的惩罚；感恩之心又足以稀释我们心中狭隘的积怨和仇恨；感恩之心还可以帮助我们消除巨大的痛苦和灾难。常怀感恩之心，我们也会逐渐原谅那些曾和你有过结怨甚至触及你心灵痛处的那些人；常怀感恩之心，我们便能够生活在一个感恩的世界。

让感恩成为每天醒来的第一件事

每天早晨一觉醒来，首先想一想有什么人的什么优点值得自己学习，并在未来的一天里身体力行，再想想他的人格是否对自己的成长有所启示与帮助，如果有，就要心存感激；若缺少发现，则需要有所思考。

对别人心存感激，你就会感到人生的愉快。感恩也是一种爱，任何负面的情绪在与爱相接触后，就如冰雪遇上了阳光，很快就消融了。如果有个人正在跟你发脾气，而你只要始终待之以爱心和温情，最后他就会改变先前的态度。

实际上，心存感激与平和的内心状态是彼此相联系的，你越是对生活心存感激，你越生活得祥和惬意，因为生活总是对诚挚给予回报。如果你在这方面做得还不够，则须进行练习。

即使受到了委屈与不公，你也不可对生活丧失信心，你应该始终坚信：生活是美好的，生活中的人们是善良的。所以，睁大你的双眼,去发现你周围的真、善、美。

每一天,你呼吸、走路、穿衣、饮食,为此你应该感激天空、大地、牛羊、蔬菜、农民和工人,没有这一切就没有你——你是这个世界的爱的结果。不仅如此,你从呱呱坠地的婴儿成长为一个英俊青年或是漂亮姑娘,甚至已经成家立业、功成名就,在你的成长过程中,不知有多少可亲可敬的人们曾经为你付出心血!你真的应该对他们心存感激。你应该感激你的家人、师长、同事以及可爱的朋友,甚至还应感激启发了你的思想的古圣先贤,还有许多数不清的人们——哪怕那些只是曾经给予过你小方便的陌路之人。古语云:"滴水之恩,当以涌泉相报。"你应时刻以此为训。

人的思想有着一种潜在的脆弱性,如不加强自我修养,则很容易"误入歧途",失去对他人的感谢之情,想当然地否定你身边的人们。此时,与他们相处你不再感觉良好,爱意被敌视情绪取代,你开始感到某种沮丧。所以,你必须强化积极的自我意识,以一双慧眼来看待生活,把注意力集中到他人的优点上。

一般情况下,当你心平气和、状态良好时,就会觉得人们很好,你很自然地想起一张又一张可爱的脸庞,内心充满亲切愉悦之情。不一会儿,你开始觉得别的事物也变得美好起来了,你开始庆幸自己的健康,想着孩子的可爱;你由衷地为自己的事业而自豪,你感到了自由的可贵……整个生活、整个世界都太美妙了!

失去了就好好告别

人世上一切事物不可能永远存在，生命都是如此，又何必去在乎生活中的得失呢？人生中你能得到很多东西，同时也会失去很多东西，人老珠黄的烦恼、花开花落的无奈，总是令人叹息。一些失去的东西，其实从来未曾真正属于你，也不必惋惜。该来的会来，该走的会走，我们应该学会习惯失去，有时得到是一种偶然，失去才是必然。

人们都在追求美好的生活，为了达到自己的心愿而努力着。然而，现实生活中，我们在不断得到的同时必然会失去其他东西。失去是不幸的，但失去也是幸运的，因为在失去的同时你也在收获。命运一向都是公平的，你在这方面失去了，也许就会在另一方面得到补偿，你又何必为了一时的失去而感到遗憾呢？

每个人都有失去的经历，有的人在失去心爱的东西的时候，以泪水和悔恨来面对；有的人则吸取了教训，从此更加努力，创造更加美好的东西。生活是很公平的，它在给你关上一扇窗的时候，便会给你打开一扇门。只要你能够在遇到挫折或失败时，勇敢地振作起来，努力奋斗，就一定能够找到那扇门。

无论任何时候，都有一条路是通向光明的，但如果你过于伤心就会错过机会。所以在我们面对失去的时候，不妨豁达一点。月亮尚有圆缺，何况是我们的生活呢？既然得失我们无法左右，失去往往又是必然，那么我们只能珍惜目前所拥有的。正确地面对失去，不要让它影响到我们的生活，即使真的失去了也泰然处之，这才是我们需要达到的境界。

我们都不想失去一些美好的东西，但失去的不会再来。也正因为失去的注定会失去，我们才应该更加珍惜现在走过的每

第五章
磨难，让生命更有厚度

一分每一秒，好好珍惜眼前的，快乐地度过每一天，学会享受现在所拥有的一切，而不要再为已经失去的伤心难过！

相传，在曲阜东面的泗水有一眼泉水很特别，人们称之为"神泉"。其泉水清澈，从地下涌出来就热气腾腾，很适合沐浴，并且能够辅助治疗某些病症。也许是巧合，也许是泉水的疗效，很多人的疑难病症在这里得以根除。

有一天，一个眼瞎的老人也来到了这里。然而，这位老人遭到了许多人的嘲笑。他们认为他的眼睛已经没有复明的机会了，而他仍不死心地来这里治疗。他们笑道："多么愚蠢、多么固执啊！"

面对众人的讥笑和追问，老人从容地答道："我的眼睛是已经失明了，不管是疗效多好的药物也医治不好了。可是，黑暗的生活在我的心里早已结束了，我来这里是享受生活的，不是来治疗已经没有希望治愈的眼睛的。我已经以平淡的心去接纳已失去的现实，不再尝试去作无谓的弥补。虽然现在看来我仍是个瞎子，但是我却好像看到了光明和美丽的风景。不是用我的眼睛，而是用我的心。我要尽情地去享受我的生活，不再为失去的掉一滴眼泪，因为我不希望黑暗再一次笼罩我今后的生活！我感恩这眼泉水带给我的欢乐！"老人的话让在场的所有人都陷入了沉思。

有一句话说"别为已打翻的牛奶哭泣"。牛奶被打翻已成为事实，不可能被重新装回瓶中，我们唯一能做的，就是查找原因，吸取教训，然后忘记那些不愉快。而生活中，有很多人还在为那些已失去的伤心流泪，去做一些无谓的争取。殊不知，这不但浪费时间与精力，还让一些机会从身边悄悄溜走。

面对失去，我们应当从失去中吸取教训，然后满怀信心地投入到新的生活中。而那些陷在泥潭中不能自拔的人，最终将会被生活抛弃！我们时时刻刻都应该为新的征程而努力，为了新的理想、新的目标、新的追求。人的一生本来就是一个得而复失的过程，我们要为拥有而笑，而不应该为失去而哭。

谢谢那些年的折磨

人生在世，道路不可能一路平坦，总要经受很多折磨，遭受很多苦难。其实换一种眼光看待生活，经受折磨和遭受苦难对人生的作用并不是消极的，反而是一种促进人走向成熟的积极因素。

生命唯有经历了各种各样的磨难，才能拓展厚度。没有经历过磨难的雄鹰永远不能高飞，没有被老板、上司折磨过的员工永远不能更进一步提高自身的能力。别人的折磨我们可以把它当成自己前进的动力。

要得到自己想要的就必须能够承受磨难。磨难是对人的锻炼，也是成长必经的过程。俗话说：不经历风雨，怎么见彩虹？没有人能够随随便便成功。没有经历磨难，怎么能取得辉煌的成就？艰辛的历程、刻骨铭心的折磨能给我们带来巨大的动力。

每个人都想取得成功，但不是每一个人都能获得成功。成功不是路边的小石子随处可捡，也不是田间的小草随意可觅。取得成功，需要走一段漫长的路，在这期间是要经过许多磨难的。每个人都要以积极的心态面对生活，面对那些在工作、事业、生活、生命中折磨自己的人。我们要将磨难看成是对自己的锻炼，重新认识自己，突破心理障碍，激发自己的潜能，化磨难为动力，在磨难中成长、进步，实现人生的目标和事业的成功。

在我们成长的过程中，总是会遇到让我们的心灵和身体受到折磨的人或者事，关键看我们怎么去面对困难与折磨。何不将那看成是上天对我们的眷顾呢？没有折磨和困难，生命也就会变得暗淡无光。只有经历了磨难，生活才会更美好、更精彩。如果你摔跤了，你能立刻爬起来，拍拍尘灰，依然前进，步伐仍是那样的坚定，那么，这就表明你没有被困难打倒，困难反而给了你前进的勇气和动力。如果我们相信磨难是能给我们动力的，那么我们为什么不感恩磨难呢？

每个人都希望自己的生活中能够多一些幸福、少一些痛苦；多些平坦、少些挫折，可是生活不会那么完美，这些总是不可避免的。有的人就因为历经磨难而更加努力，磨难使他时时记着不达目的决不罢休，结果取得的成就超出了他的预期。

的确，磨难常常能让人更清醒地认识自己、认识事物，让人有着更积极的心态和进取向上的力量。从这个意义上讲，我们都应该感恩折磨自己的人或事，感恩自己人生旅途中所经历的磨难。因为磨难，我们更懂得珍惜、更懂得进取；因为磨难，我们更能体会到幸福快乐浓厚醇香的滋味。

月有圆缺，此事古难全

人活在世间，不如意事十之八九，谁能事事顺心呢？

其实人生从来不曾完美，人生就是这样子，永远是缺憾的。佛学里把这个世界叫作"婆娑世界"，翻译过来就是能忍许多缺憾的世界。本来世界就是缺憾的，而且不缺憾就不叫作人的世界。

人的世界本来就有诸多缺憾，不完美才是完美，太完美了就是缺陷。我们总是生活在种种缺憾中，缺憾是与生俱来的，没有缺憾就意味着圆满，圆满也意味着停滞，到达了终点。因为圆满，会使人失去了"咬牙切齿"奋斗的劲头。如此，圆满反而成了一个最大的缺憾了。

一个被劈去了一小片的圆想要找回一个完整的自己，到处找寻着自己的碎片。由于它的不完整而滚动得非常慢，也因而领略了沿途鲜花的美丽。它和虫子们聊天，它充分感受阳光的温暖。它找到了许多不同的碎片，但都不是原来那一块。它坚持着找寻……直到有一天，它实现了自己的愿望。然而，成了一个完整的圆后，它滚得太快了，错过了花开的时节，忽略了虫子的鸣叫……当它意识到这一切时，它毅然放弃了历尽千辛万苦找回的碎片。

断臂的维纳斯，她的美不仅征服了西方也征服了东方。曾几何时，多少艺术家绞尽脑汁，想为她重塑双臂，然而，欲成其美，适得其反。许多悲剧之所以那么耐人寻味就在于它的缺憾，留给观看的人很大的思考余地。

正如狄德罗所说："如果世界上一切都是十全十美的，那便没有十全十美的东西了。"就像天有阴晴、月有圆缺一样，正是有了缺憾，才造就了一个多彩多姿的自然世界。完美往往让我们失去很多美好的东西，或许正是缺憾才成就了人生的精彩。卓越、出色者并非完美，奇才常常有大缺憾。著名影星玛丽莲·梦露，有人说她脸太短，身体则丰满得有点偏胖，然而

第五章
磨难，让生命更有厚度

她却被评为20世纪最美的女人。美国伟大的总统林肯，形象丑陋，不修边幅，嗓音粗哑，但他却是历史上最优秀的演说家。

庄子讲过一个故事：有一个叫支离疏的人，脸部隐藏在肚脐下，肩膀比头顶高，颈后的发髻朝天，五脏的血管向上，两条大腿和胸旁肋骨相并。替人家缝洗衣服，足可过活；替人家簸米筛糠，足可养十口人；政府征兵时，他摇摆游离于其间；政府征夫时，他因残疾而免去劳役；政府放赈救济贫病时，他可以领到三斗米和十捆柴。

"支离疏"意即形体支离不全。庄子写这个人时没有提到他的名字，想必是因为这个人的真名在当时就已经被人遗忘，而保留下"残疾人"这个绰号了。在我们眼里，这个人是很惨的，可庄子却告诉我们说，残缺也是福。因此，我们要用感恩残缺的心态对待自己的不足。

你的生活中是不是也有缺憾呢？还在为它而烦恼吗？

要想寻求到快乐，就必须学会放弃完美，感谢残缺。人生的真谛，往往不是寄予歌舞升平的繁华，也非蕴于平步青云的惬意，更不在乎儿孙满堂的完美，从某种意义上说，一个完美的人是可怜的。他永远无法体会有所追求、有所希冀的感受，他无法体会他所爱的人带给他一直追求而得不到的东西的喜悦。没有缺憾，人生将变成一个痴迷、狂欢的舞台。一个有勇气放弃他无法实现的梦想的人是完整的，因为他们抵御了利欲的冲击。纵观五千年历史，其间无怨无悔的，唯有屈原、杜甫、司马迁等有限的几个人罢了，但正是缺憾成了他们的无憾，使他们的名字在历史的长河中熠熠生辉。

第六章

放下仇恨,对世界温柔相待

远离仇恨，人生会快乐许多

仇恨是最原始的情感，是人类共有的一种心理情绪，普遍存在于人类的遗传基因里，它是比厌恶更高级的情绪，是一种自我保护的本能。对待仇恨最常见的心理是复仇，但是仇恨本身很复杂，它只能给人短暂的力量，更多的是让人毁灭。"有仇不报非君子""君子报仇，十年不晚"等都是一些复仇心态的描述。中国还有句俗语"冤冤相报何时了"，说的是仇恨和复仇是一个连续循环的过程，并没有了结的时候。其潜在的含义是，必须放下仇恨，才能开始新生，因为仇恨给人造成的恶果何其之多。

首先，仇恨使人失察。一个心里充满仇恨的人，一般都不可能冷静、清醒、客观而全面地分析问题，在他的眼里一切都是扭曲的。

其次，仇恨使人失误。一个人在失察的基础上，讲出的理由完全是别人的错，并有意无意地夸大自己所受的委屈，错误的信息来源必然导致错误的决策，被仇恨的情绪控制必然丧失理智，掂量不出轻重，看不到不良后果，缺少智慧的判断力，往往会一失足成千古恨。

再次，仇恨使人失常。有一句唱词是这样写的："仇恨入心要发芽。"

心怀仇恨者，仇恨的心理也会无休无止地煎熬着自己，使人的行为反常、烦躁易怒，最终会变成一个令人讨厌的人。

　　有个成语叫怒火中烧，意思是怒火在心中燃烧。实际上，人们之所以会有心火燃烧的感觉，是因为仇恨的情绪会导致胃液分泌旺盛而伤及了胃肠，严重危害身心健康。不仅仅是肠胃受到伤害，医学上认为，长期心怀仇恨的人，高血压和心脏病就会如影随形，伴你度过痛苦的一生。同时，因为仇恨，也会导致缺乏对理想的执着与追求，事业成功将会遥遥无期。

　　温斯顿·丘吉尔用自己的经验总结出"复仇是最为宝贵的，也是最没有收获的"。人与人之间避免不了因相互误解而使友谊和感情受伤破裂，因而导致仇恨。但人总不能整天生活在仇恨中，终日触摸自己的旧伤疤，数落着过去的伤心事。复仇的想法会让你的灵魂受到玷污，使你不再受到信任，变得愤世嫉俗而且充满偏见。

　　记住仇恨又能给我们带来什么呢？与其愤恨不平，为难自己，不如宽容他人，解放自己。因为仇恨如兴奋剂，用一时可以，但不能长久，长时间的积累最终伤害的是自己。最好的方式是以宽容的心态将这种仇恨栽培成一盆鲜花，让自己心里开花，才能让周围遍地开花。时间带走一切也考验一切，值得珍惜的是无限的春光和快乐的果实，真正的友谊并不因误解、仇恨而逊色，反而因海纳百川的胸怀和气度增色不少。

不必拿别人的错误惩罚自己

《贤愚经》告诉我们:"作为一个人,一定要保持一颗慈爱的心,除去那些怨恨别人的想法。"因为憎恨别人对自己是一种很大的损失,恶语永远不要出自于我们的口中,不管它有多坏、有多恶,你骂它,你的心就被污染了。虽然我们不能改变周遭的世界,但我们能改变自己,用慈悲心和智慧心来面对这一切。拥有一颗无私的爱心,便拥有了一切,根本不必回头去看咒骂你的人是谁,如果有一条疯狗咬你一口,难道你也要趴下去反咬它一口吗?

你的怨恨对他人不起任何作用,反而是你自己内心里的怨恨影响了你自身的健康,因为你的怨愤态度使你产生了消极情绪,这种消极情绪对你的健康和性情都会产生很大的负效应,从而对你造成伤害。更为严重的是,你总是想着自己受到了不公平的待遇,总是因此而极不愉快,从而也就会招致更多的不愉快。

一颗不能承受伤害的心灵是脆弱而难以生存的,一颗不能谅解伤害并宽容异己的心灵是狂暴而可怕的,因为仇恨不仅伤害别人,也折磨自己。

路旁的合欢树一直对梧桐树耿耿于怀,因为他总是霸道地独自占有阳光,只把一片阴影留给合欢树。

因为有阳光的照顾,梧桐树越长越高,个头远远超过了合欢树。于是,他更加强势地挡住了全部的阳光。也是因为高大,梧桐树总能得到行人的关注,路过的行人都说,瞧那棵梧桐树,真是高大威猛。

瞧他那得意的样子,瞧他那高高在上的姿态,合欢树越看越觉得不舒服,被行人冷落的感觉真不好受,合欢树一度沉默寡言。连负责照顾他们的绿化工人也对梧桐树偏心,给他修剪枝叶的时候总要更温柔一些。

合欢树觉得自己被冷落,是因为他一直生活在梧桐树的阴影下,所以,合欢树恨透了梧桐树。

终于有一天,因为他们的上空要过高压电线,高大的梧桐树被移走了,合欢树觉得自己终于"守得云开见月明",整日得意不已。

转眼间夏天来了,猛烈的阳光照得路上的行人都睁不开眼。合欢树失去了梧桐树的遮蔽,就快要被太阳晒死了。这时,合欢树才悔悟到,如果梧桐树还在自己身边该多好,可惜已经太晚了。

我们常在自己的脑海里预设了一些规定,认为别人应该有什么样的行为。如果对方违反规定,就会引起我们的怨恨。其实,因为别人对"我们"的规定置之不理,就感到怨恨,不是很可笑吗?

大多数人都一直以为,只要我们不原谅对方,就可以让对方得到一些教训。也就是说:"只要我不原谅你,你就没有好日子过。"其实,倒霉的人是我们自己:一肚子窝囊气,甚至连觉也睡不好。如果当你觉得怨恨一个人时请先闭上眼睛,体会一下自己的感觉,感受一下自己身体的反应,你就会发现:让别人自觉有罪,你也不会快乐。

处在悲痛和愤怒中的人大致可以分为两种:第一种人始终生活在愤怒和痛苦的阴影下;第二种人却能得到超乎常人的同情心和深度。在面对令人心碎的,并且是那些在人的一生中都难以幸免的事,例如大病、孤独和绝望时,这两种人会有不同的选择。其实,失去珍贵的东西之后,总有一段时间会伤心、绝望。问题是,你最后到底变得更坚强呢,还是更软弱?憎恨别人对自己并没有好处,那么与其憎恨别人,不如忘掉憎恨!这是一个智者的做法。

对打击过你的人说声"谢谢"

在生活中,人们都不可避免地会遇到别人善意的或者恶意的打击。有时你可能在伤心的同时,会深深怨恨那个打击你的人。朋友,感谢他吧,是他让你知道自己原来还不完美,否则不会让别人心生不满。

打击你最深的人,不一定是负面人物,他可能会造就一个坚强的你,让你走向成功。

感谢那些打击你的人,因为他指出了你的缺点,磨炼了你的意志,增加了你的智慧,改变了你的性格,激发了你的斗志,让你更加坚强。

每个人都不是十全十美的,都不能保证自己不犯错误,如果你害怕遭到别人的嘲笑,害怕别人的打击,而不得不对自己的过失加以掩饰,那你就大错特错了。不要把精力都放在避免别人的嘲笑和打击上,而是放到你的学习中去。

戏剧中的小丑不怕被别人嘲笑,因为他们本身就是靠出丑给观众带来快乐,得到了观众的认可。如果我们不能接受别人的嘲笑,受不了别人的打击,越不能接受,就越会受到别人更多的挑剔和攻击,我们就会更痛苦。如果不能忍一时之痛,那么痛苦将会是长久的。没有了怨恨，自然就没有了痛苦！

当一个人受尽打击时，潜能会在极大程度上被激发出来，而且此时也会越挫越勇，逼自己去突破现状！其实，在所有成功路上绊倒你的"打击"，背后都隐藏着激励你奋发向上的动机。

很多时候我们都很讨厌打击自己的人，有时甚至恨之入骨。其实仔细想想，在打击的背后，或许带给我们的是一种激励和帮助，要我们在打击中成熟。我们应该感谢打击自己的人，因为打击自己的人给了我们锻炼和成功的机会。

打击，使你坚强成熟。在人的成长过程中，亲人的关心呵护，老师的教导，同事和朋友们的帮助，使一个人健康快乐地成长。但是温室里不可能培育出栋梁之才，温室里的花朵太娇嫩了，只有经历大自然的风吹日晒、霜打雪欺，才能使自己强壮起来。打击，在你的生命中是重要的，打击对我们造成的激励作用也是非常重要的。受到别人的打击，可以使自己坚强成熟起来。

没有打击，就不可能成功。凡是最后成为栋梁之才、成为伟人的人，都不会是一帆风顺、事事顺心如意，都是经历了很多困难和打击、吃尽了苦头才成功的。

没有打击就没有人生的超越。回顾你走过的路，你会惊奇地发现，真正促使你成功的不是优越的环境，真正让你坚持到底的不是朋友和亲人，真正激发你、让你昂首阔步的不是金钱和荣誉，而是那些常常置人于死地的打击、挫折。

打击是生活给你最好的机会和馈赠。把别人对你的打击伤害转化成你前进的动力，你就会发现打击和苦难也是人生的宝贵财富，如果没有被别人打击过，你就不会那么坚强地站在大地上。我们应该感谢那些曾经打击过我们的朋友和敌人，因为成功既来自比你高的人的提拔，也来自比你低的人的激励。你的进步和成熟是在受打击和受挫折中逐步积累的，对打击过你的人说声"谢谢"吧。

如果你遭遇了伤害、打击和背叛，请不要愤恨、抱怨，请用一颗平常心去对待，因为所有的一切，都是人生的必经之路。感谢打击！感谢所有打击你的人！因为别人的打击，你正在成熟，正在进步，并且会走向成功。

不念旧恶，不计前嫌

据说我们是挑着两个篮子来到这个世界上的，前面的篮子里盛着别人的过错，而后面的篮子里盛着自己的过错。因此我们总是看到别人的过错，而看不到自己的过错。别人的过错看得多了，狭隘也就产生了。狭隘的性格虽然不是大害，却让你的朋友越来越少，路越走越窄，而"以大度包容，则万事兼济"。确实如此，以宽容大度的心态，才能处理好各方面的事情。

古人说得好：得放手时须放手，得饶人处且饶人。不念旧恶、不计前嫌是一种宽容，一种博大的胸怀。事实上，宽容并不代表无能，却恰恰是一个人卓识、心胸和人格力量的体现，更能表现出人的品德高尚的一面。人非圣贤，孰能无过。当一个人犯了错误，多么渴望得到他人的谅解，原谅他，他将心存感激。

我们知道在日常的磕磕碰碰中，恶意伤人的总是少数。别人一时的过错，往往是由于误解或认识上的偏差。如果你能以宽容的心态处之，不计前嫌，落落大方地原谅对方，不仅可以滤去心中的烦恼,而且能够令人由衷地佩服,产生感激和敬意,从而化恨为爱,化敌为友,广集群朋。反之,对别人的过失老是耿耿于怀,纠缠不放,结果只能让自己越来越狭隘,与人结怨日深,烦恼日增。

春秋时期,齐国发生了内乱,国君被杀。公子小白在鲍叔牙的护送下,返回齐国,当了国君,即齐桓公。齐桓公在回国途中,曾遭到护送公子纠回国强夺王位的管仲的暗杀。这次暗杀没有得逞,公子纠和管仲只好躲到鲁国去了。后来齐桓公发兵攻打鲁国,要求鲁国杀死公子纠,交出管仲,否则不退兵。鲁国只好答应条件。

管仲被押送回国,鲍叔牙亲自到城门外迎接他,还把他推荐给齐桓公。

齐桓公说:"管仲用箭射我,想要我的命,我恨不能剥了他的皮,吃了他的肉,你还想叫我重用他?"鲍叔牙说:"那会儿他是公子纠的人,自然要帮公子纠。论本领,他比我强得多。主公要是能够重用他,他将为您取得天下。"齐桓公接受了鲍叔牙的推荐。管仲果然不负重托,帮齐桓公治理国家,使齐国自此日渐强盛起来。

齐桓公不计前嫌,重用管仲,之后终于成为春秋五霸之首。因为一个成功的人应该有不计前嫌、海纳百川的胸襟,尽可能地化敌为友,连以前的敌人都在帮你,怎么能不成功呢?阿拉伯著名的诗人萨迪说:"谁想在困厄中得到援助,就应在平日待人以宽。"

不要拿别人的错误来惩罚自己,不要拿过去的错误来惩罚现在。聪明的人懂得善待别人,不会抓着对方的错误不放,可是有人却容忍不下，计得失，算恩怨，针尖对麦芒，以眼还眼，以牙还牙，以怨报怨，导致矛盾激化，关系紧张，双方都捆绑在无休止的争斗上。记住别人对我们的恩惠，洗去我们对别人的怨恨，这样的人生才会阳光明媚。

人要有点"不念旧恶，不计前嫌"的精神，种下一个善因，必得一个善果。这就需要我们学会宽容，宽容于人，宽容于事，得到的是安然、宁静、和谐与友好，其善莫大焉。

用爱化解仇恨

"有仇不报非君子"，这句话表面上看似豪言壮语，实则鼠目寸光。它的直接后果是无休无止的冤冤相报，给安宁的社会造成恐怖，给难得的祥和蒙上阴影，后患无穷。中国古人说："人生一世，草木一秋，成大事者需有容人之雅量。"莎士比亚说："不要因为你的敌人而燃起一把怒火，炽热得烧伤你自己。"这都是在告诉我们冤冤相报无法抚平内心的伤痕，它只能把伤害者和被伤害者结结实实地捆绑在无休止的仇恨战车上。

中东地区经年累月枪炮声此起彼伏，死伤不计其数，幸存者肝肠寸断，苦不堪言。导致这种情况发生的原因就是冤冤相报，就是仇恨。仇恨是阻碍社会进步的最大负面力量，也是让个人陷入低谷的罪魁祸首。如果能拥有宽容、宽恕的心，拥有真正无痕无疆的大爱，才能化解仇恨，重塑和平。

1944年的冬天，苏军终于把德军赶出了国门，成千上万的德国兵成了俘虏。每天，都有一排排的德国战俘形容憔悴地从莫斯科大街上走过。每当他们走过时，马路的两边都挤满了人。苏军士兵和警察警戒在战俘和围观者之间。围观者大部分是妇女。她们当中的每一个人，都是战争的受害者。她们的亲人，或者是儿子，或者是兄弟，或者是丈夫，或者是父亲，都死在了德军的手里。她们每一个人，都和德军有着血海深仇。

当德国兵出现时，妇女们怀着满腔仇恨把一双双劳动的手攥成了拳头。士兵和警察们竭尽全力阻拦她们，生怕她们情绪失控而做出不当之举。

这时，最令人不可思议的一幕发生了：一位上了年纪的老妇人，穿着一双战争年代的破旧的长筒靴，走到一个警察身边，恳求警察能让她走近俘虏。警察看她满脸慈祥，没有什么恶意，便同意了这位老妇人的请求。

她走到俘虏身边，从怀里掏出一个印花方巾包裹，里面是一块黑面包，她不好意思地把这块黑面包塞到一个疲惫不堪的、拖着双拐艰难挪动的俘虏的衣袋里。

俘虏怔怔地望着这位老妇人，刹那间泪流满面，他扔掉双拐，"扑通"一声跪倒在地，给这位善良的妇女重重地磕了三个响头。其他的俘虏受到感染，也接二连三地跪下，拼命地向围观的妇女磕头谢罪。于是，人群中愤怒的气氛一下就消逝了，紧接着看到，妇女们从四面八方涌向俘虏，把面包、香烟等塞给这些曾经的仇人。

这是叶夫图申科在《提前撰写的自传》中讲的一则故事。在这个故事的结尾，有这样两句话："这些人已经不是敌人了，这些人已经是自己人了。"

仇恨会使人痛苦，使人失去理智，而宽恕却可以给人带来宁静、快乐。释迦牟尼佛祖宽恕了十恶不赦的提婆达多；耶稣宽恕了出卖自己的门徒犹大……不是他们是非不分、善恶不明，而是他们拥有博大的胸襟。他们是在仇恨的土地上种上宽恕的种子。因为他们知道报复的代价太高，它不仅会深深伤害到自己的心，也会让伤害无止境。

  我们中国人讲求的是"仁者爱人""慈悲为怀"。中国历史上有诸多胸怀大志、高瞻远瞩的智者，他们无不修身持德，以仁爱为怀，宽以待人，以德报怨，书写了不朽的传奇篇章，遗留下温暖的美好记忆。战国时期，赵国的蔺相如面对廉颇的数次挑衅，始终不计较，而以国事大局为主，致使廉颇最终负荆请罪，二人成为至交，将相和的故事传为美谈；三国时期，诸葛亮征战南国，七擒七纵孟获，使孟获心服口服，归顺后立下了汗马功劳……可见，宽恕之心大能敌国，小能服人。没有宽广的胸怀，鼠肚鸡肠，竞小争微，片言只语也耿耿于怀的人，难以成就伟大的事业。而这些人胸怀之所以宽广，无不是因为他们拥有一颗充满大爱的心；干戈最终能被化为玉帛，无不是因为作用其中的爱心具有强大的力量。所以，我们不必有报复自己仇人的念头，用彻底"消灭"仇人的最有力的武器——爱，可以将他们变成自己的朋友。

  爱拥有世界上最伟大的力量，让爱常驻你的心间吧！因为，心若改变，你的态度跟着改变；态度改变，你的习惯跟着改变；习惯改变，你的性格跟着改变；性格改变，你的人生跟着改变。懂得用大爱之心去宽恕他人，是一种博大的胸怀，是赢得友善的重要基础，是化解怨恨的关键所在，也是走向成功之路所必不可缺的宝贵品格。

君子绝交，不出恶声

有人说："交十个朋友也不能弥补树一个敌人所带来的损害。"尤其是年轻人，在社会上还立足未稳，要做的是广结善缘，多交朋友，才能使自己的路越走越宽。要懂得，在社会上不到万不得已，千万不要和别人发生冲突。让我们先看一个古代的故事。

战国时代有个名叫中山的小国。有一次，中山国君设宴款待国内名士。当时正巧羊肉羹不够了，无法让在场的人全都喝到。有一个没有喝到羊肉羹的叫司马子期的人怀恨在心，后来到楚国劝楚王攻打中山国。楚国是个强国，攻打中山国易如反掌。中山国被攻破，国王逃到国外。他逃走时发现有两个人手拿戈跟随他，便问："你们来干什么？"那两个人回答："从前有一个人曾因获得您赐予的一壶食物而免于饿死，我们是他的儿子。臣的父亲临死前嘱咐，中山有任何事变，我们必须竭尽全力，甚至不惜以死报效国王。"

中山国君听后，感叹地说："怨不期深浅，其于伤心。吾以一杯羊肉羹而失国矣。"

给予不在乎数量多少，而在于别人是否需要。施怨不在乎深浅，而在于是否伤了别人的心。中山国君因为一杯羊肉羹而亡国，却由于一壶食物而得到两位勇士的帮助。

一个人最重视的通常是他的自尊，甚至比金钱还看重。一旦自尊心受到损害，往往不是轻易就可弥补的。有时候，我们会因为一句无意的话伤害别人，所谓"言者无心，听者有意"，这种情况甚至可能为自己树立一个敌人。我们应该记住中山国王因一杯羊肉羹而失国的深刻教训。

第六章
放下仇恨，对世界温柔相待

中国古代有一句话叫"君子之交绝不出恶声"。就是说一个有修养的人，无论持何种理由，即使中断来往，也不会说难听的话，批评对方。为什么这样呢？如果说了绝交者的坏话，等于承认自己识人不清。既然双方已经绝交，作为"陌路之人"也就罢了，何必反目成仇呢？轻易和别人发生冲突，树敌过多，会给自己的生活和工作带来不应有的麻烦。

世上的万事万物有其本来面目和自然之理。一个女人过日子，必然孤凄；一个男子度时光，必然寂寞。鱼儿必定成群游荡，大雁飞行必定成队成行……这就是事物的道理。自然的法则就是这样，和为贵，合则全。所以，了解和为贵、合则全的人，争而不离，争而和合，因而强者更强，吵而更亲，心心相交，不打不相识，事业更繁荣。

不争不吵，不斗不鸣，本来不可能，嘴唇与牙齿也有互相冒犯的时候。争而和，争而合，事业便发达，人口便兴旺，事情本来如此。所谓和气生财，"和为贵"，商场上很忌讳结成仇敌，长期对抗。商场上很容易为了各自的利益争执不下，甚至争斗不休。或者因为一笔生意受到伤害，从而耿耿于怀。但是，无论如何，都没有反目成仇、结成死敌的必要。

有位商界老手说过："商场上没有永远的敌人，只有永远的朋友。"今天可能因为利益分配不均而争吵，或者为争一笔生意搞得两败俱伤；然而，说不定明天携手，有可能共占市场，互相得利。所以，有经验、有涵养的老板总是在谈判时面带微笑，永远摆出一副坦诚的样子，即使谈判不成，还是把手伸给对方，笑着说："但愿下次合作愉快！"因为，商场上树敌太多是经营的大忌，尤其是当仇家联合起来对付你，或在暗中算计你时，你纵有三头六臂，也难以应付。况且，做生意的主要精力应用于如何开拓市场，如何调动资金，如何做广告宣传等方面，如果老是用在对付别人的暗算与报复，难免会顾此失彼。中国有句老话："生意不成人情在。"商人一般都较圆滑，这也是由于他们有着多年积累的经验。

如果由于你的过失而伤害了别人，你得及时向人道歉，这样可以化敌为友，彻底消除对方的敌意。说不定你们会"不打不相识"，相处得更好。既然得罪了别人，与其等待别人的报复，不如主动上前尽释前嫌。

为了避免树敌，还要注意与人发生冲突时不要非占上风不可。实际上，冲突中没有胜利者。即使表面胜利了，其实你也失败了，因为树立了一个对你心怀怨恨的敌人。因此，在和别人交往时一定要克制自己，即便与人发生冲突，也尽量不要采取争吵的方式。

争吵除了会使人结怨树敌，在公众面前破坏自己的形象外，没有任何作用。因为在这种情况下，相互争吵辱骂，既不会给任何一方带来快乐，也不会给任何一方带来胜利，只会彼此带来更大的烦恼、更大的怨恨、更大的伤害。退一步讲，在对骂中没有占上风的一方，当众出丑，带来的只是对自己鲁莽行为的悔恨。占了上风的一方，虽然把对方骂得体无完肤，又能怎么样？只能加深对立情绪，加深对方的怨恨，在旁观者的眼里也不过是一只好斗的公鸡罢了。

化抱怨为抱负，强大自己的内心

我们知道复仇的行为和心理是基于生物进化，也就是说弱小的人的自保方式之一就是强烈的报复心理，而那些自我感觉强大、有强大认知的人基本上不屑于进行报复，或者说一个内心强大的人，他的内心是安定平静的，有清晰的人生目标，知自己需要什么、不需要什么，具有一颗不计较、不被琐事烦扰的心，外在表现则是宽容与谦让。而非理性的报复是一个人无知和恐惧的表现。

心中怀有仇恨的人，根源一定是受了什么伤害而产生了怨气，但是为什么受伤害的是你，而不是对方呢？有一种解释是因为你是弱者，如同羊总是被狼吃，是因为羊是弱者而狼是强者一样。羊不能说，为什么被吃的总是我？羊也不能因此恨狼。因为你恨也没有用，恨只能使你自己更痛苦，而狼照样继续吃羊。

如果把仇恨比喻成一把刀的话，对着自己的一定是刀刃，结果是恨得越深，自己伤得越深，而对方却依然毫发无损。所以，既然你是弱者，你受伤害，在你受了伤害之后，你要做的不是仇恨与报复，而是放下这些，更快地让自己变得强大起来。只有使你自己也变为强者，造物主才会偏爱于你，让你明白还有比愤恨的报复更好的办法。因此，使自己变得更加强大是另一种复仇方式，也是最好的一种方式。

想要从弱者变成强者，就要奋发图强。如果你只会怨天尤人，将精力全部放到报复上，那就是你最大的错误。如果你不能从这个错误中走出来，将自己变成强者，仇恨只会使你更痛苦，让你觉得无路可走。

古希腊神话里有一则"仇恨袋"的故事，说的是一个威风凛凛的大力士名叫赫格利斯，从来都是所向披靡、无人能敌，因此，他总是踌躇满志、春风得意，唯一的遗憾就是找不到对手。

有一天，赫格利斯行走在一条狭窄的山路上。突然，一个趔趄，他险些被绊倒。他定睛一看，原来脚下躺着一只袋囊。他猛踢一脚，那只袋囊非但纹丝不动，反而气鼓鼓地膨胀起来。赫格利斯恼怒了，挥起拳头又朝它狠狠地一击，但它依然如故，并迅速地膨胀起来。赫格利斯暴跳如雷，捡起一根木棒朝它砸个不停，但袋囊却越胀越大，最后将整个山道都堵得严严实实。

气急败坏却又无可奈何之下，赫格利斯累得躺在地上，气喘吁吁。

一位智者走来，见此情景，困惑不解。赫格利斯懊丧地说："这个东西真可恶，存心跟我过不去，把我的路都给堵死了。"

智者淡淡一笑，平静地说："朋友，它叫'仇恨袋'。当初，如果你不理会它，或者干脆绕开它，它就不会跟你过不去，也不至于把你的路给堵死了。"

大力士赫格利斯表面上是一个所向披靡、无人能敌的人，可内心却是虚弱无力的，因心胸狭隘与路上的仇恨袋过不去，最后落得个无路可走的结局。可见，对一个强者来说，最大的敌人是自己，谦虚谨慎、宽容博大才应该是强者具备的品质，如果肩上扛着"仇恨袋"，心中装着"仇恨袋"，生活只会是如负重登山，举步维艰了，最后只会堵死自己前进的道路。

所谓"和大怨，必有余怨"。说的是结怨了就难以消除怨恨，最好的不结怨的方法是不要结怨。如果在了结怨恨的时候没有好的策略和思维，就必定留下新的怨恨。超脱一点，摆脱弱者的复仇心理，摆正我们的心态，以强者的思维来处理事情，我们就不会有仇恨心理。那些内心不够宽容的睚眦必报者，就像大力士赫格利斯一样，把自己宝贵的生命耗费在仇恨上，不能不说是一种悲哀。

永远不要让羞辱的冷水激怒了自己，而是要把它看成是一种心灵的洗礼，因为经由这盆冷水的冲刷，你的梦想将会更明朗，信念将会更加笃定。忘记你所受到的不公，忘记对他人的怨愤，最终最大的受益者只能是你自己。当你忘记了怨愤，学会了遗忘和原谅，你就会发现，原来你所认为的那些所谓的不公，那些让你深夜难眠、辗转反侧的理由，其实根本不值一提，因为它们在你的一生之中是那么的微不足道。而你也同时会认识到，抛开对他人的怨愤之心，在自己的人生花园里辛勤劳作、奋发图强，你所获得的快乐是这一生都享受不尽的。

最神圣的复仇是宽容

"放下屠刀，立地成佛"出自《法华经》，里面记载了佛祖为五百罗汉授记成佛的事情。佛祖为五百罗汉授记成佛，也为恶名昭彰的提婆达多授成佛的记别，就是说提婆达多和五百罗汉一样，未来也是佛。那么就有人问了：一个作恶多端的人，怎么能和行善积德的人一样成佛呢？答案在《大智度论》卷九里，佛曾因过去世恶业的牵引而遭受九种罪报，这九种罪报的第三个罪报就是提婆达多的：提婆达多推山石压伤佛足趾。可见，即使是佛，也不能免于罪报的因果律。

我们的人生由不同的选择构成，如果你可以放下心中报复的屠刀，宽恕那些曾经伤害过你的人与事，那么你的心灵将得到升华。当一个人选择了仇恨，那么他将在黑暗与痛苦的煎熬中度过余生；当一个人选择宽容与宽恕，那么他已经能够将阳光洒进心灵。"种下一个善因，就得到一个善果。"这完全取决于你内心的那个选择！

宽容别人并不困难，也不容易做到，关键的一点是，心如何选择。报复的屠刀刃往往是对着自己的，它伤害的首先是自己。任何一个人在报复他人的同时，也将在自己的心里留下污点与阴影，那是良心和善的本能提出的警告。如果我们不能以宽容之心对待自己的仇家，时时刻刻想着要报复，甚至为了复仇而不惜代价去借助别人的力量，用几倍的伤害伎俩重创他们，最后的结果往往是两败俱伤，那该是多么不划算啊！只有放下仇恨，人生才能得到快乐。小沙弥去山下挑水，回来的路上被蛇咬伤。

回寺院处理好伤口之后，小沙弥找到一根长长的竹竿，准备去打蛇。慧清法师见状，过来询问。小沙弥把事情对慧清法师讲了，法师问事发地点在哪里，小沙弥说在寺院北坡的草地。

慧清法师又问道："你的伤口还疼吗？"小沙弥说不疼了。

"既然不疼了，为什么还要去打蛇？"

"因为我恨它！"

"它咬疼了你，你就恨它，那你踩疼了它，它也恨你，也该咬你。你们双方因恨结怨，可你是人，你该早些放下心头的仇恨。"

小沙弥一脸的不服："可我不是圣人，做不到心中无恨。"

慧清法师微微笑道："圣人不是没有仇恨，而是善于化解仇恨。"

小沙弥抢白说:"难道说我把被蛇咬当作被松果打中脑袋,或者半路被雨淋一样,我就成了圣人?如此说来,做圣人也太容易了吧!"

慧清法师摇摇头:"圣人不仅只是懂得化解自己的仇恨,更善于化解对头的仇恨。"

小沙弥怔住了,呆呆地望着慧清法师。

慧清法师说:"世人对待仇恨有三种做法。第一种是记仇,等于在心里放了一把刀,自己总是生活在恨意带来的痛苦中;第二种是尽快忘掉仇恨,还自己平和与快乐,等于把土坷垃弄碎,在上面种了花;第三种是主动与仇人和解,解开对方的心结,等于是摘下花朵赠给对方。能做到第三种,就与圣人的境界差不远了。"

小沙弥点头称善。

不久,北坡草地上出现了一条高于地面的窄窄的石板路,那是小沙弥修建的,之后这里再也没有发生过蛇伤人的事情。

我们大多数都是慧清法师说的第一种人,心中有一把仇恨之刀,那把仇恨之刀先伤的是自己,生活在仇恨里哪有快乐可言。一个心中有仇恨的人,其实是在仇恨自己,只有放下仇恨,才能活得快乐。想一想仇恨的根源,其实仇恨是别人对我们做了错事,伤害了我们,但如果我们充满仇恨,就是拿别人的错误来惩罚自己,来折磨自己。举起仇恨屠刀的往往都是心胸狭隘的人,仇恨压得他们喘不上气,而当一个人能宽恕别人的时候,压力才能得到缓解,才能恢复心理平衡。

我们不求做一个圣人,但我们应该让自己生活得快乐,而任何潜留在我们内心里的侮辱和永难平复的创伤,都会损坏我们生活中的许多美好的事物。周而复始,我们终日被报复充斥,成了报复的囚徒。这使得我们苍白了信仰,空虚了精神,丢掉了理想,牺牲了美德,得到的只是伤害。化解心中的怨恨,给自己一个好心情,你的生活才能充满阳光。

对于手持复仇利刃的人来说,"退一步海阔天空,进一步万丈深渊",而最好是不要拿起报复的屠刀,忘了仇恨,快乐地生活。

防人之心不可无

小人不可得罪,首先在于小人会对其现实中或猜想中的敌人毫无顾忌地打击报复,而我们对于小人的打击报复往往防不胜防,就如同站在舞台中心的演员无法防备四周黑暗中观众的嘲讽和嘘声一样。

俗话说:"明枪易躲,暗箭难防。"小人对别人的打击报复通常都是"暗箭"一类的,他低劣的品质和伪装的本能决定了他就连报复别人都不可能光明正大。光明正大有违小人的本性,这样的做事方式会使他产生类似于蝙蝠撞见白昼一样的不舒服、不适应的感觉,虽然白昼和光明被大多数物种所喜爱、所歌颂。而且,小人的打击报复不但来得阴暗,而且不达目的决不罢休,一次不成,小人很快就会酝酿出第二次、第三次,来得一定比第一次更阴险、更凶猛。

你纵有三头六臂也恐怕抵挡不了这层出不穷的折腾,就算一时正气压倒了邪气,你还是很快会发现你逃得了初一逃不了十五,最后不得不悲叹小人实在难防。

第六章
放下仇恨，对世界温柔相待

君子就是那些为人坦荡、不屑于钩心斗角紧盯蝇头小利之人。而小人恰恰相反，他们是琢磨人的专家，小人是惹不起的，但是我们可选择躲得起。

小人的眼睛牢牢地盯着周围的大小利益，随时准备占点便宜，为此甚至不惜一切代价准备用各种手段来算计别人，真是让人防不胜防。因此对付小人没有一套办法是不行的。

唐朝天宝年间，爆发安史之乱。郭子仪率兵平定天下，立了大功，但他并不居功自傲，为防小人妒忌，他格外小心。

一次，朝中有一个地位比自己低的官吏要来拜访郭子仪，郭子仪事先做了周密安排。因家中侍女成群，他让所有的侍女到时候都避开，不要露面。郭子仪的夫人对此举感到不理解。问丈夫为什么这么做？郭子仪告诉夫人说，这个官吏是个十足的小人，身高不足五尺，相貌奇丑，很忌讳别人说他丑。郭子仪担心家人见了这个人会发笑，因而让所有家人都躲起来。郭子仪对这个官吏太了解了，在与他打交道时做到小心谨慎。后来，这个小人当了宰相，极尽报复之能事，把所有以前得罪过他的人统统陷害掉，唯独对郭子仪比较尊重，没有动他一根毫毛。这件事充分反映了郭子仪对待小人的办法既周密又老练。

小人之刁钻，几乎无孔不入。有些小人也勇敢得很，不惜牺牲自己的生命、亲人的生命，或"第二生命"，因而与你周旋到底，正所谓舍命陪君子。这时候，就算你有理，也最好避一避此等不要命的小人。小人固然厉害，但我们并不怕他，避开小人是因为我们不值得把太多的精力浪费在一些没有价值的争斗上。一旦把握不好自己的行为界限，得罪小人，他就会想方设法来琢磨你，破坏你的正事，分散你的精力，使你不能安心于工作、学习和生活。

小人不遗余力地陷害别人,就是避免别人胜过自己,谋求心理上的平衡。掌握了小人的这种心理需求,我们不妨投其所好,让小人的心里舒服一些,他们就会把眼光从我们身上收回,转向别处了。

小人同事可能会挑拨离间,争功诿过,欺软怕硬,以致让你难以得到安宁,出现种种矛盾与痛苦。但是,面对这样的同事,你不得不与他们相处。如何摆脱他们的影响,给自己创造良好的工作环境,也是有规可循的,对待小人同事就需要有"魔高一尺,道高一丈"的招数。

在同事之中,有些人为了名利,会牺牲其他人的利益,他们不是靠自己的本事,而是靠手段。与小人同事交往,要认清他的真面目,防止受骗上当,防止成为他人晋级的阶梯,也要防止挑拨离间你与其他同事的关系。

常有小人行为的人有这样几种:心口不一的人,这些人往往当面一套,背后一套;随声附和的同事,这些人往往没有自己的主见,属于随风倒;爱传闲话的人,流言往往是从这些人嘴里传出来的;假装无能的人,他们遵循"干得多,错的多"理论,有功劳时还想分一杯羹;忘恩负义的人,这些人在有甜头的时候钩住你,一旦没有了油水,就会毫不犹豫地离开你,还会给你一脚;得理不饶人的人,是凡事都不吃亏的人,寻求他的帮助是很困难的。与这些人接触,不要交往太深,更不要把他们当作自己的知己,在你向他们倾诉的时候,也许你已经将你自己送入了深渊。

首先,该断交时要断交。

从办事手段和为人处事方面来讲，小人所走的路子更偏向于狡猾、奸诈、欺瞒、恐吓等。他们会想方设法地达到自己目的，而不管这种方法是否得人心。

有些小人，为了满足自己的私欲，又要保护自己，只好嫁"祸"于人。对于这样的人，容忍只会给自己造成更大的伤害。抓住把柄，迎头一击，采取强硬的立场，就会促使小人退缩。一旦发现这一手失灵，要马上采取行动，不要给他回击的机会，及时向有关人员或明或暗地透露情况，使他难以立足。

对待小人，不能一味地退缩，不要因为一时的交情而不忍心当即翻脸，特别是你的把柄被人攥在手中的时候，有时会不得不就范。此时，要考虑清楚，当断则断。古人云："当断不断，反受其乱。"一旦认识某人是个小人，就要及时采取行动。对于那些善于纠缠的小人，特别是利用你的某些弱点或者过失要挟你的小人，不要顾忌眼前的小利。如果不断交的话，或许大利也保不住了。决断时可以直接表明自己的立场，"不想再交往下去了"。也可以冷淡处理，采用冷漠置之的方法，不理不睬，使其无趣而去。对于想要要挟自己的人，完全可以告诉他，彼此都有"辫子"在手，最终会闹得两败俱伤。在决断时不要讲什么理由，以免被小人抓住把柄，质问于你，反而不好交代，最终又拖拖拉拉，欲理还乱。

其次，不妨以硬碰硬。

有一小部分人，与你有利益冲突，喜欢揭别人的短，来获得自己的快感，达到压制别人、抬高自己的目的。对待这样的人，开始可以采用回避的方法，但如果没有效果，只好硬碰硬，让他明白自己也不是好惹的，借以改善自己的生存环境。退避三舍是被人耻笑的，尤其是在公众场合。

对于不怀好意的打小报告者，一旦让他得逞，就直接影响到自己在领导面前的形象，因此，对于打小报告者要及时理直气壮地予以揭露，不留后患，使其在领导面前失去信任，避免为自己制造麻烦。

揭露打小报告者，要拿出真凭实据，不要仅仅凭着语言去辩解，否则会越辩越黑；在没有实据的情况下，要适当忍让，避免给人留下"如果没有问题，为什么要辩解"的口实。

最后，要给他点颜色。

小人往往是最讨厌的，他总是不停地在你的周围撒下矛盾的种子，或向领导，或向同事散布你的谣言。在办公室中应对小人既要考虑到以后还要继续相处，不能太过分，又要达到警示的效果。

小人在办公室中的人际关系一般情况下都不会太好，同样是同事，物以类聚，既然与你的关系不好，其与其他人的关系也不会很好。小人一般与上级的关系比较好，但上级一般不会插手同事之间的事。

在实施这种策略时，首先要分析办公室中的人际关系，防止受到暗算，虽然有同事偏向于你，但真正关键时出手的并不多。还要注意时间和地点以及影响范围，使用这种方法最好不要影响工作，影响工作后肯定有领导出面，无论怎样都不是什么好事。在迫不得已情况下的反抗，应该向领导解释清楚，由领导出面进行调解，避免小人背后告状，怪罪到自己的头上。

以君子之心度小人之腹

"以小人之心度君子之腹",我们常常听到别人这样愤愤嚷嚷,为自己辩解,以证明自己是如何如何的大度和无辜。殊不知说者在说这话的同时又犯了同样的错误。果真是"君子坦荡荡"的话,又何必在乎别人怎么说呢?

山上寺院里,一位年轻的法师下山去办事,路过山下的小河边,看见河边大树下一草丛里,有一把倒放的红雨伞,伞里有一个包裹在蠕动。法师一看,原来是一个出生不久的婴儿,黑黑的眼睛,红红的脸。出于恻隐惜弱之心,他走过去拿开压在孩子包被上的小砾石,下面一张纸条写着小孩的生辰八字。法师看了纸条,知道这可怜的孩子出生才十个月,却不知为什么被父母遗弃。法师慈悲怜悯之心使他顾不得多想,小心翼翼地抱起婴儿,也不下山去办事了,径直到寺院向老住持报告了这件事。老住持召集大家商量,在没有办法的情况下,同意把孩子暂时寄养在寺院。就这样用米汤与奶粉喂养了婴儿三天。

这天,从山下上来三个女施主,一位是因她女儿出走一年多一直没有消息的母亲,为女儿的突然回来祈福,求佛帮她女儿消灾免难的。第二位是代她的白发老母为弟弟在外做生意发了财来谢菩萨的。只有第三位是虔心来拜佛的。这三个人进了寺院,先去燃香,上供品,尔后坐定休息,以消除刚才上山时的疲劳。

刚一坐下,突然听到一阵婴儿哭声,三个人便悄悄议论起来。在寺院从未闻过婴儿声,第一个施主便说:"大概是哪个小和尚的私生子吧?"另一个说:"要么是老和尚为了延年益寿请来的奶妈住在这里供奶,把孩子也带来了。"只有第三个施主说:

"罪过！罪过！千万不能乱讲师父的坏话。阿弥陀佛！你们要遭报应的,这肯定是法师们从哪儿为救苦救难搭救出的婴儿吧。"正在轻轻议论间,山门外大道上又进来一男一女两个年轻人,他们一到大殿,倒头就拜,先拜佛,然后转身上前给师父们磕头顶礼,硬要塞一个红包。师父们不要,他们说全靠师父们照顾了他们特意放在河边的孩子,大家都被这两个人搞糊涂了。

这时,那三位女施主起身抬起头,她们的视线与这对男女青年的视线碰在了一起,大家顿时都惊呆了,站在那里半天说不出话来。原来,刚进来的女青年就是第一位女施主的女儿,因母亲不同意她的婚事,一气之下,与在外做生意的男朋友私奔,离家出走,三天前才回来。而那男青年即是女青年的丈夫,又是第二位女施主的弟弟,在外做生意几年,发了财后与女青年结了婚,生了孩子,怕双方父母不同意,就把孩子暂放在河边,看着师父抱走才离开。前两位施主这时恨不得找个地洞钻下去,真是又悔又恨又高兴。高兴的是家里添丁加人,悔恨的是自己以小人之心度君子之腹,为自己刚才诽谤寺院的法师而羞愧,在佛前不停地忏悔着。只有第三位施主仍在心中平静地念佛。

被人误解的确是件令人痛苦的事情,若要将这种痛苦最大限度地减轻,或者干脆没有感觉,就非得提倡"以君子之心度小人之腹"不可。如果是第三者转告你的,你不妨当作是他搞错了意思,别人根本就不可能这么讲。如果是你当面听到的,这倒似乎真有点难了,其实这也难不倒你,你大可当他是表达错了意思,或者是一时失去理性看不清事实。

这样做最少有两个好处。一则可免去自己的苦痛,集中精力做该做的事;二则也可以减轻他人的不安,有利于消除误会。

第六章
放下仇恨，对世界温柔相待

人生就那么短短几十年，该做且值得做的事有好多好多，我们不可能不食人间烟火、远离"烦"尘，但当我们面对俗事的时候大可以洒脱一些、飘逸一些、轻描淡写一些。哲人们警告我们世态炎凉，人心险恶的同时，不也劝告我们要宽以待人，严以律己吗？何况这世界产生误会的概率远远大于险恶的用心。

总而言之，不管遇到什么样的误会，都要保持平常心。平常心的最高境界，可以概括为三句话：一是遇到好事不失态，做到得意淡然；二是遇到挫折不沮丧，做到失意泰然；三是遇到委屈不动怒，做到以德报怨。美国西点军校的招生广告上有句话："西点军校的别名——委屈学校。"这所著名军校开设的基础课中，专设有一门"委屈学概论"。在西点军人看来，能够经受得住失败、委屈是迈向成功的第一步。

人们常说要任劳任怨。其实，任劳容易任怨难，忍辱负重、以德报怨就更不是一件简单的事情。在遇到委屈、被人误解的情况下，最好的办法还是让事实说话、让时间说话。相信经过时间的长期检验，误解过他人的人终将被其高尚的人格魅力和事实所感化。事实上，人海茫茫，大家能够走到一起工作，是一种缘分。因而，要学会关爱他人。这里关键是做到"三多""三不"：多记他人的好处，多看他人的长处，多想他人的难处；不自私，不猜疑，不嫉妒。这样才能戒相轻为相敬，化误解为谅解，变挑剔为宽容。这种境界才是"以君子之心度小人之腹"。

"以君子之心度小人之腹"与"以小人之心度君子之腹"相比，看似只是语序上的颠倒，却是完全不同的两个境界！

第七章

天地万物之理,皆始于从容

第七章
天地万物之理，皆始于从容

不以物喜，不以己悲

明代学者吕坤在《呻吟语》中曾提出这么一个观点："天地万物之理，皆始于从容，而卒于急促。"并认为"事从容则有余味，人从容则有余年"。从容之重，令人明镜在心。从容，即舒缓、平和、朴素、泰然、大度、恬淡之总和。可以说，它是世间一种难得的境界和气度。

据心理学家研究，发现目前医院里有一半以上的病人的身体本没有什么疾病，而是因为心理问题引起的不适。他们被昨日的负担和对明日的恐惧压得透不过气来。其实大部分的人本可以度过一个快乐而有意义的人生，根本不必住院。

记住，我们中的每个人永远站在过去和未来的交会点上，谁都不可能活在过去或未来任何一种永恒中，如果勉强要这样或那样，那只会摧残自己的身心。所以我们要善用自己所能够把握的时间。如果只活一天，不论多重的负担，人都能够背负；如果只活一天，无论多难的工作，人都能够努力完成；如果只活一天，任何人都能活得很快乐、有耐心、仁慈和纯洁——从容面对每一天，这就是幸福。

尤其是在现代社会，当人们的生活节奏变得越来越快，当人们的心灵变得越来越浮躁的时候，从容更是难能可贵。而一个从容的人，他为人做事会不急不慢、不躁不乱、不慌不忙、井然有序；面对外界环境的各种变化不愠不怒、不惊不惧、不暴不弃；虽遇挫而不沮丧，虽成功而不狂喜，虽忙碌而不烦躁。

权敏是一位成功的职场白领。如今，她的许多老同学都还在为自己的饭碗苦苦挣扎、自身难保时，她已经是公司一名薪水颇高的白领了，而且事业、金钱、家庭一样不少。而更让朋友们羡慕的是，在这些追求的过程中，她并没有像朋友们一样牺牲自己的健康和情绪去孜孜以求，而是从容淡定、轻轻松松就拥有了这一切。

朋友们甚是不解，问及其中奥妙，权敏淡淡地说："其实我并没有什么奥秘，说起来非常简单，换来这份从容也就是半小时的事情。"

权敏娓娓道来，说刚参加工作的时候，她也和许多人一样，总感觉手头有做不完的事情，并因此放弃了很多自己喜欢的业余爱好，甚至很少和家人朋友团聚。结果是到最后人疲乏到了极点，几乎还是一无所获。

看到权敏天天把自己搞得疲惫不堪，有着多年工作经验的父亲对她说："从明天开始，你能不能每天早出门半个小时。"权敏不解地看了父亲一眼，她并不能完全理解父亲的话，但无奈之下，她决定从第二天开始试一下。

第二天，她开始比正常时间早半个小时出门。当她走到公共汽车站时，发现等车的人不多；上到车上，又发现有许多空位，比平时惬意多了。而且，由于还没到上班高峰期，路上的交通也没出现堵塞，很快就到了公司。离上班还有一段时间，同事们都还没来，她一面悠闲地听着音乐，一面整理一下办公桌，并准备一下当天要做的工作。

之后，当同事们匆匆忙忙地打卡、手忙脚乱地开抽屉时，她已经泡好了一杯热茶，准备好了工作所需要的资料。自然，接下来的工作是井然有序的，而且工作效率极高，还不到下班的时间，她就完成了半天的工作。于是，她也有了充足的时间去享受一下丰富的午餐。

下午下班的时候，她已经做完了一天所有的工作，而且还有时间查看有没有遗漏的或做得不好的地方。而此时的同事，有些人还在手忙脚乱地忙乎，有些人疲惫不堪地打着哈欠，只有她神情气爽，淡定悠然。

从容，不仅能够反映一个人的气度、修养、性格和行为方式，而且是一种符合人的生理、心理需要的有节律的、和谐、健康、文明的精神状态和生活方式。在现代忙碌的生活中，从容是对生活节奏的把握，是紧张时加一把劲儿，休闲时踏歌而行。从容是一种坦然，是把磨难当作机遇的大度。从容是"泰山崩于前而面不改色"的镇定，是失败面前的从头再来，是对理想和信念的执著追求。

当然，从容不是安于现状，不问世事，不是得过且过，消极颓废，更不是今朝有酒今朝醉的挥霍。从容是一种平和的心态，是一种心灵的优势！从容，是一种理性，一种坚忍，一种气度，一种风范。只有从容，才能临危不乱；只有从容，才能举止若定；只有从容，才能化险为夷；只有从容，才能宠辱不惊……

匆忙的生活中我们需要一种从容的心态，是一种不以物喜，不以己悲，遇事不慌，闻过不怒，坦然的生活姿态。人的一生，要面对很多事情，比如事业、情感，比如挫折、成功。只有做到从容面对，不惊不惧、不暴不弃，才能不躁不乱、从容不迫地应对好这些事情,才能保持心态平衡,处理好面临的各种境遇。

如果受了伤,就喊一声"痛"

事实表明,能把自己的悲痛宣泄出来,人们痛苦的过程就会缩短。但是,对于痛苦的历程,每个人都只能够以自己的方式去度过。

遭遇不幸是每个人一生中必然的经历。在生活中,每个人都会遇到这样或那样的不幸。少年丧母,中年丧偶,老年丧子。生活中,有不少人失去了自己最宝贵的东西。然而,不幸并不可怕,可怕的是,很少有人知道怎样来度过这些不幸的岁月。

对于悲痛,很少有人能够有一个正确的认识和了解。有一次,一位朋友告诉我,他的叔叔因为离婚,终日焦虑不安,伤心流泪。我问他这是什么时候的事情,他说在四个月之前。这个朋友不知道人们战胜痛苦需要一定的时间。时间的长短是由当事人受损害的程度而定。亲人长期卧床不起或者夫妻关系渐渐恶化,由于这种状态已经持续了一定的时间,人们往往能预料到死亡或离婚的不幸迟早会发生,因而,当不幸真正发生后,只需要几个星期或几个月就能医好心灵上的创伤。

但是如果是自己的亲人突然死亡,不可预料的悲剧突然降临,例如突然生重病须做大手术,或遇到车祸等,那么,悲痛将会持续较长的时间。如果人们仍然对遇到不幸的亲人一直抱着"恢复健康"的希望,那么当希望破灭的时候,他们会感到更加悲痛。

尽管悲痛并不是一种精神病,但有时给人的感觉却似乎是这样。失眠、忧虑、恐惧、愤怒，聚集在一起，使人感到快要"发疯"了。其实，这些情绪都是人们处于悲痛时的正常表现。

一位丧妻不久的男人晚上下班回家，一打开自己的门，就会闻到妻子做菜的香味。实际上家中并没有人烧菜，这只是他的幻觉。虽然男人的妻子已经去世，但是，他常会对别人说晚上还能听到妻子在做夜宵的声音，像她活着的时候一样。他无法抑制失去爱妻给自己带来的悲痛。对爱妻的昼思夜想，使他常常出现类似的幻觉。

在悲痛刚刚产生的时候，人们常常平静一阵，悲痛一阵。由于不相信所发生的事情，人们感到茫然。然而随着事情的推移，悲痛、抑郁渐渐控制了他的情绪，使他在几个月内都难以摆脱。身边的每一件事物都能勾起他对往事的回忆，而这种回忆又加深了他的痛苦。丧偶的人会注意到每一对如胶似漆的夫妻，幸福的夫妇仿佛到处都有。如果有位母亲失去了孩子，她可能会注意到街上每一个可爱的儿童。

悲痛的人往往难以摆脱自己的感受。避开一些熟人和地方，独自苦思冥想，让时光慢慢地磨去心灵的创伤常常是悲痛中人们无奈的选择。

事实表明，能把自己的悲痛宣泄出来，人们痛苦的过程就会缩短。但是，对于痛苦的历程，每个人都只能够以自己的方式去度过。

和知心朋友交谈对大多数人来说是宣泄悲痛的有效方法。也许，你不愿向朋友讲述自己的不幸，但你可以从亲友的关怀和友谊中汲取力量，战胜伤痛。把痛苦闷在心里，只会加剧自己的创伤，延长悲痛的时间。做一些自己喜爱做的工作，可以帮助你减轻精神上的重压。让自己行动起来，最初可能会有困难，但做起来就会发现，工作对于任何悲痛都有一种巨大的治疗作用。因为在工作中你会意识到自己的责任和义务，就会发现自己的力量，从而增强信心和勇气。

在家里，你可以为自己列个时间表，将生活安排得紧张而有节奏。即使是洗洗衣服，买点东西，外出散步，这些简单的活动对你的身心健康也大有益处。甚至与亲友打打扑克，下下棋，看看电影，听听音乐，都能起到对自己精神的安慰作用。当然，如果你能够为别人做一些力所能及的事，则会更加有助于你建立自信心，缓解思想上的抑郁。睡觉之前洗个热水澡，即使自己一个人吃饭也应该尽力把餐桌布置得漂漂亮亮。或者买一束鲜花插在花瓶里，重新布置一下自己的房间，这些小事也会使人心情愉快起来。

忘却是心中的橡皮擦

人生在世，欢笑与快乐有时也会伴随着忧虑与烦恼。正如成功伴随着失败，如果一个人的脑子里整天胡思乱想，把没有价值的、消极的东西也记存在头脑中，那他总会感到前途渺茫，人生有很多的不如意。所以，我们很有必要对头脑中储存的东西给予及时清理，把该保留的保留下来，把不该保留的予以抛弃。那些给人带来诸方面不利的因素，实在没有必要过了若干年还去回味或耿耿于怀。这样，人才能过得快乐一点、洒脱一点。

一个人如果把什么都能记得清清楚楚，大脑充满着各式各样的回忆，那实在是一件很可怕的事情，而且对你的精神状况更是有害而无益。

在现实生活之中,有一些人的记忆力特别好,把过往的那些大大小小、恩恩怨怨的所有事都记得一清二楚,对什么事情都斤斤计较、耿耿于怀。结果呢?这些人非但解决不了任何问题,反而患上难治愈的心病,最后弄得抑郁而终。但有些人面对烦恼时,解决方法就是将该记下的事情牢牢记下,该遗忘的,把那些不愉快的事情抛诸脑后,脑子里不停地想着快乐的事情。别以为这些人的做法是消极的,其实不然,很多时候我们的脑子里充满了烦恼,想问题钻了牛角尖,走进了死角,左想右想结果都会一样,而当我们尝试抽离自己,暂时把烦恼忘记,相隔一段时间后再追忆那些还未解决的事情时,反而能找到更好的方法来解决心中的烦恼。

在人生的旅途当中,如果你永远把那些成败得失、功名利禄、恩恩怨怨、是是非非等都牢记在心中,让那些伤痛的心事、烦恼事、无聊事永远困扰着你,这样的生活你会活得快乐吗?在心中留下永不褪色的烙印,那就等于背了沉重的包袱、无形的枷锁,就会活得很累很苦,以致令你精神恍惚、心力交瘁,生命之舟就无所依从。而且你更会在茫茫大海中迷航,甚至有翻覆的危险。如我们在烦恼当中,调节自己,适当地把事情遗忘,把不该记忆的事情如流水般忘掉,那就能给自己拥有愉快心境的机会,圆满地将烦恼的事情解决掉,就可以达到香港的一位学者陶桀先生所说的心境:"如烟红尘往事促忘却,淡然如水于心底洗擦。"人生有这样的心境,哪里还会有烦恼呢?

从前在一座庙里,有一个小和尚被要求去买食用油。在离开前,庙里的厨师交给他一个大碗,并严厉地警告:"你一定要小心,我们最近财务状况不是很理想,你绝对不可以把油洒出来。"

小和尚答应后就下山到厨师指定的店里买油。在上山回庙的路上,他想到厨师凶恶的表情及严重的告诫,愈想愈觉得紧张。小和尚小心翼翼地端着装满油的大碗,一步一步地走在山路上,丝毫不敢左顾右盼。

很不幸的是,他在快到庙门口时,由于没有向前看路,结果踩到了一个洞。虽然没有摔跤,却洒掉了三分之一的油。小和尚非常懊恼,而且紧张得手都开始发抖,无法把碗端稳,终于回到庙里时,碗中的油就只剩一半了。

厨师接过装油的碗时,非常生气,指着小和尚大骂:"你这个笨蛋!我不是说要小心吗?为什么还是浪费这么多油?真是气死我了!"

小和尚听了很难过,开始掉眼泪。另外一位老和尚知道了这件事,就跑来问是怎么一回事。了解事情以后,他就去安抚厨师的情绪,并私下对小和尚说:"我再派你去买一次油。这次我要你在回来的途中,多观察你看到的人和事物,并且需要跟我作一个报告。"

小和尚想要推卸这个任务,强调自己油都端不好,根本不可能既要端油,还要看风景、作汇报。

不过在老和尚的坚持下,他只有勉强上路了。在回来的途中,小和尚发现其实山路上的风景真是美。远方看得到雄伟的山峰,又有农夫在梯田上耕种。走不久,又看到一群小孩子在路边的空地上玩得很开心,而且还有两位老先生在下棋。这样小和尚边走边看风景,不知不觉就回到庙里了。当小和尚把油交给厨师时，发现碗里的油装得满满的，一滴都没有洒。

生活中最难忘记的常常是烦恼。这足以看出我们的心灵对于烦恼有多么敏感。背负着过去的烦闷，夹杂着现今的苦恼，这对谁来说都是没有好处的，更可能会造成对现实的厌恶！与其这样，倒还不如超脱地忘掉它们。但要知道，忘却并不是让我们去逃避，而是快乐地去面对生活、努力进取！真正懂得从生活经验中找到人生乐趣的人，才不会觉得自己的日子充满压力及忧虑。生活中有逆境也有顺境，在挫折中，一定要忘却烦恼；在顺境中，别忘记欣赏。

人生当中必须经过酸甜苦辣四个不同的阶段，每当你在不同的阶段总会有一些体会，问题在于你是用积极角度来看待事情，还是用消极的方法？你越是急于解决烦恼，烦恼越是解决不了，有些时候更是反效果的，转换方式，尝试学习将问题暂时放下，忘却所有已发生的事情，找个宁静的地方轻松一下，做一些自己喜欢做的事情，忘却所有烦恼，然后，你就会自自然然地找到最好的解决办法，因为你会渐渐发现，我们都会随着这些烦恼而成长。

人生需要反思，需要不断总结教训，发扬优点，克服缺点。要学会遗忘，用理智过滤掉自己思想上的杂质，保留真诚的情感，它会教你陶冶情操。只有善于遗忘，才能更好地保存人生最美好的回忆。

泰然面对尘世中的苦与乐

平静是福,真正生活在喧嚣吵闹的都市中的人们,可能更懂得平静的弥足珍贵。与平静的生活相比,追逐名利的生活是多么不值一提。平静的生活是在真理的海洋中,在波涛之下,不受风暴的侵扰,保持永恒的安宁。

心灵的平静是智慧美丽的珍宝,它来自于长期、耐心的自我控制。心灵的安宁意味着一种成熟的经历以及对于事物规律的不同寻常的了解。

人人向往平静,然而,生活的海洋里因为有名誉、金钱、房子等各种诱惑在"兴风作浪"而难得宁静。许多人整日被自己的欲望所驱使,好像胸中燃烧着熊熊烈火一样。一旦受到挫折,一旦得不到满足,便好似掉入寒冷的冰窖中一般。生命如此大喜大悲,哪里有平静可言?人们因为毫无节制的狂热而躁动不安,因为不加控制欲望而浮沉波动。只有明智之人,才能够控制和引导自己的思想与行为,才能够控制心灵所经历的风风雨雨。

是的,环境影响心态,快节奏的生活,无节制地对环境的污染和破坏,以及令人难以承受的噪声等都让人难以平静,环境的搅拌机随时都在把人们心中的平静撕个粉碎,让人遭受浮躁、烦恼之苦。然而,生命的本身是宁静的,只有内心不为外物所惑,不为环境所扰,才能做到像陶渊明所说的那样身在闹市而无车马之喧扰,有了"心远地自偏"的感觉。这就是说,一个人如果能丢开杂念,就能在喧闹的环境中体会到内心的平静。

有一个小和尚,每次坐禅时都幻觉有一只大蜘蛛在他眼前织网,无论怎么赶都赶不走,他只好求助于师父。师父就让他坐禅时拿一支笔,等蜘蛛来了就在它身上画个记号,看它来自何方。小和尚照师父交代的去做,当蜘蛛来时他就在它身上画了个圆圈,蜘蛛走后,他便安然入定了。

当小和尚做完功课一看,却发现那个圆圈在自己的肚子上。原来困扰小和尚的不是蜘蛛,而是他自己,蜘蛛就在他心里。因为他心不静,所以才感到难以入定,正像佛家所说"心地不空,不空所以不灵"。

平静是一种心态,是生命盛开的鲜花,是灵魂成熟的果实。平静在心,在于修身养性。平静无处不在,只要有一颗平静之心。追求平静者,便能心胸开阔,不为诱惑,坦荡自然。

平静是一种幸福,它和智慧一样宝贵,其价值胜于黄金。真正的平静是心理的平衡,是心灵的安静,是稳定的情绪。

"不以得为喜,不以失为忧"是一种非常平静的心态。这种心态的优势是专注于自己的事情,不因一时得失而忧心忡忡或兴奋狂跳。也不要大喜大悲,那样会使我们失去冷静。

要以一种泰然处之的心态去面对。生活是我们的导向,它能把我们从痛苦中引领出来。在沉重的打击面前,需要有处变不惊的从容心态。平静而乐观,愉快而坦然。在生活的舞台上,要学会对痛苦微笑,要坦然面对不幸。这样就能战胜沮丧,化坎坷崎岖为康庄大道。

你可能一时丢掉了原本属于你的东西,或是错过了一次机会,但是在精神上绝不能失望。平静而达观,愉快而坦然,是成功的催化剂,是另辟蹊径、迎接胜利的法宝。

无所欲,无所求,只愿有个好的体魄,有个幸福的家庭,衣能裹体，食能饱腹，足矣。这是一种超境界的平静心态。

摒弃世俗的偏见、豁达、洒脱，无忧无虑地承受人生百味，争取做到富不狂、贫不悲、宠不荣、辱不惊，真正拥有一颗健康、平和的心态，痛痛快快地享受人世间的阳光和温馨。

这个世界上有太多的诱惑，有太多的欲望。一个人需要以清醒的心智和从容的步履走过岁月，他的精神中必定不能缺少淡泊。淡泊是一种境界，更是人生的一种追求。虽然，我们每个人都渴望成功，但我们更需要的是一种平平淡淡的生活，一份实实在在的成功。

得意也罢，失意也罢，要坦然地面对生活的苦与乐。假如生活给我们的只是一次又一次的挫折，也没什么的，因为那只是命运剥夺了我们活得高贵的权利，但并没有夺走我们活得快乐和自由的权利。

因为生活里是没有旁观者的，每个人都有一个属于自己的位置，每个人也都能找到一种属于自己的精彩。平静，会让我们的生活精彩而幸福！

凡事要看开，不要看透

凡事都看开一点，这是我们的处世哲学。既然已经发生了，我们就坦然地接受。俗话说，是福不是祸，是祸躲不过。当不可预料的打击降临的时候，当我们无法改变悲剧的时候，那么我们就好好地欣赏悲剧吧。我们无法改变世界，但至少可以改变自己。

两个水手因为船只失事而流落到一个荒岛。

第七章 天地万物之理，皆始于从容

甲水手一上岸就愁眉苦脸，担心荒岛上没有充饥之物，没有落脚之处。

乙水手却一上岸就为自己将要开始一段新的生活而欢呼。

两个人在荒岛上找到一个洞口，乙水手为今晚可以睡一个好觉而庆幸，甲水手却担心洞里面是否有怪兽。乙水手安然入睡，甲水手辗转难眠，不知道明天怎么度过。

上帝可怜两个水手，竟然让他们在荒岛上意外地发现一袋粮食。乙水手高兴得手舞足蹈，而甲水手忧虑怎么把生米煮成熟饭，煮出来的饭是否咽得下。

岛上没有淡水喝，他们不得不喝海水。乙说："淡水喝惯了，喝海水换换口味。"而甲水手极不情愿地把海水舀下，怨声载道。

每吃完一顿饭，乙水手总是很满足地说："又过了一天。"而甲水手总是叹气："唉，假如粮食吃完了该怎么办呢？"

粮食一天一天减少，终于被他们吃完了。荒岛上还有些野果，他们把它采摘回来。乙水手说："运气真好。竟然还有水果吃。"甲水手哭丧着脸说："从来没有这么倒霉过。上帝不要我活了，竟然要吃这样的野果。"

终于野果也吃完了，他们再也找不到其他可以吃的东西了，只好挨饿。

为了保持力气，他们只好躺在洞里休息。乙水手说："想不到我竟然什么也不用做还可以睡觉。"甲水手绝望地说："死亡离我们越来越近了。"

最后一刻，他们都坚持不住了。乙水手说："终于可以抛开一切烦恼，投奔天国了。"甲水手说："我还不想下地狱。"

乙水手死了，脸上带着微笑。

甲水手死了，脸上布满悲伤。

同样的结局，不一样的人生。并不是乙水手不尊重生命，乙水手充分享受到了人生最后过程的乐趣，虽然结果仍免不了死亡，但一切对他来说不是那么重要了，他死的时候都是快乐的，他没有留下什么遗憾。而甲水手与乙水手截然相反，明知道不可能的事情还是处处在乎，明知道得不到的东西仍然想得到，自己为难自己，自己勉强自己，时时刻刻处于忧虑惶恐之中，最终还是一样没有摆脱死亡。但他最后的人生历程与乙比起来要差远了，没有得到任何快乐，死的时候都还在悲伤。旁观者清，当局者迷。如果换作我们，我们肯定会选择乙水手的做法。可是，当我们身临其境的时候，我们是否还能做到呢？或许只有你自己知道答案了。

邓小平在政治生涯中经历了三起三落。每一次的跌落对一般人来讲，都很难忍受，但邓小平没有绝望，而是把它当作历练自己的一次机会。有起必有落，有落必有起，否则就不是人生。塞翁失马，并不着急找，是因为他不需要马吗？不是，因为他知道就算自己费尽周折也不一定找得到，得不偿失，还不如等它自己跑回来。结果，那匹马不但跑回来了，还带了一大群马。

事物都有两面性。当我们失去某一件东西的时候，必然会得到另外一件东西，虽然失去的很珍贵，但谁知道你得到的东西不比你失去的东西更珍贵呢？我们大多数人往往意识不到这一点。失去的已经证明它很珍贵了，得到的还需要一段时间证明它是否珍贵。所以，我们应该学会的是耐心等待。

巴利说："人生像一杯茶，若一饮而尽，会提早见到杯底。"若从高远处看问题，我们的难题和失意又算得了什么呢？人生在世，既不要夸大自己的幸运，也不要夸大自己的厄遇。幸福也好，不幸也罢；平淡乏味也好，富有情趣也罢；青春勃发也好，年老体衰也罢，无非都是自我感觉，自我的心理反应。

凡事看开一点，但不一定要看透。在这样一个充满焦虑的时代里，灵魂和内心更需要宁静。这片宁静可能在高山上，也可能在大海边，更可能藏在一座乡村小屋中，只要你能用心去体味，就能练就包藏宇宙、吞吐天地的大气魄。只有这样，你才能运筹帷幄之中，决胜千里之外，才能有指挥若定的挥洒自如，如范仲淹"胸中自有十万甲兵"，如诸葛孔明悠然抚琴退强兵。身在红尘中，而心早已在白云之上，又何必"入唯恐不深"呢？

人生最大的包袱不是拿不起，而是放不下

放下是一种觉悟，更是一种心灵的自由。只要你不把闲事常挂在心头，你的世界将会是一片风光霁月，快乐自然愿意接近你！

两个和尚一道到山下化斋，途经一条小河，正要过河，忽然看见一个妇人站在河边发愣，原来妇人不知河的深浅，不敢轻易过河。一个年纪比较大的和尚立刻上前去，把那个妇人背过了河。两个和尚继续赶路，可是在路上，那个年纪较大的和尚一直被另一个和尚抱怨，说作为一个出家人，怎么背个妇人过河，甚至又说了一些不好听的言语。年纪较大的和尚一直沉默着，最后，他对另一个和尚说："你之所以到现在还喋喋不休，是因为你一直都没有在心中放下这件事，而我在放下妇人之后，同时也把这件事放下了，所以才不会像你一样烦恼。"

其实，生活原本是有许多快乐的，只是我辈常常自生烦恼，空添许多愁。许多事业有成的人常常有这样的感慨：事业小有成就，但心里却空空的；好像拥有很多，又好像什么都没有；总是想成功后坐豪华邮轮去环游世界，尽情享受一番；但真正成功了，仍然觉得没有时间没有心情去了却心愿，因为还有许多事情让人放不下……

对此，台湾作家吴淡如说得好：好像要到某种年纪，在拥有某些东西之后，你才能够悟到，你建构的人生像一栋华美的大厦，但只有硬体，里面水管失修，配备不足，墙壁剥落，又很难找出原因来整修，除非你把整栋房子拆掉。

你又舍不得拆掉。那是一生的心血，拆掉了，所有的人会不知道你是谁，你也很可能会不知道自己是谁。

仔细咀嚼这段话，其中的味道，我辈不就是因为"舍不得"吗？

很多时候，我们舍不得放弃一个放弃了之后并不会失去什么的工作，舍不得放弃已经走出很远很远的种种往事，舍不得放弃对权力与金钱的角逐……于是，我们只能用生命作为代价，透支着健康与年华。不是吗？现代人都精于算计投资回报率，但谁能算得出，在得到一些自己认为珍贵的东西时，有多少和生命休戚相关的美丽像沙子一样在指掌间溜走？而我们却很少去思忖：掌中所握的生命的沙子的数量是有限的，一旦失去，便再也捞不回来。

佛家说的"要眠即眠，要坐即坐"，是多么自在的快乐之道啊，倘使你总是"吃饭时不肯吃饭，百种需索，睡眠时不肯睡，千般计较"，这样放不下，你又怎能快乐呢？

人生的烦恼来自于非分的欲望，种种诱惑使你心中的明月蒙尘，修养心灵不是一件容易的事，要用一生去琢磨。"放下"，这是非常不容易做到的。有了功名，就对功名放不下；有了金钱，就对金钱放不下；有了爱情，就对爱情放不下；有了事业，就对事业放不下。肩上的重担，心上的压力，可以说使我们生活得非常艰难。

如果你能够领悟"放下"的道理，你将会有一种如释重负的感觉。因为只有懂得放下，才能掌握当下。放下就是快乐，只要你心无挂碍，什么都看得开、放得下，何愁没有快乐的春莺在啼鸣？何愁没有快乐的泉溪在歌唱？何愁没有快乐的白云在飘荡？何愁没有快乐的鲜花在绽放？

庄子云："人生如白驹过隙。"哲人的结论难道不能使人有些启迪吗？我辈何不提得起、放得下、想得开，做个快乐的自由人呢？

幸福是自己的，无须参照他人

生活中的我们很在意自己在别人的眼里究竟是一个什么样的形象，因此，为了给他人留下一个比较好的印象，我们总是事事都要争取做得最好，时时都要显得比别人高明。在这种心理的驱使下，人们往往把自己推到一个永不停歇的痛苦的人生轨道上。

事实上，人活在这个世界上，并不是一定要压倒他人，也不是为了他人而活。人活在世界上，所追求的应当是自我价值的实现以及对自我的珍惜。不过，值得注意的是，一个人是否实现自我价值并不在于你比他人优秀多少，而在于你在精神上能否得到幸福的满足。只要你能够得到他人所没有的幸福，那么即使你表现得不够高明也没有什么。

其实，任何人能够有一两样技能做得不错就应该够了。不幸的是，不为他人而活已不时兴。从前一位绅士或一位淑女若能唱两句，画两笔，拉拉提琴，就足以显示其身份。可是在如今竞相攀比的世界里，我们好像都该成为专家——甚至在嗜好方面亦然。你再也不能穿上一双胶底鞋在街上慢跑几圈做健身运动。认真练跑的人会把你笑得足以让你不敢在街上露面——他们每星期要跑30公里，头上缚着束发带，身上穿着昂贵的运动装，脚上穿着花样新奇的跑鞋。不过，跑步的人还没有跳舞狂那么势利。也许你不知道，"去跳舞"的意思已不再是穿上一身漂亮服装，星期六晚上陪男友到舞厅去转几圈。"跳舞"是穿上紧身衣裤，扎上绑腿，流汗做6小时热身运动，跳4小时爵士音乐舞。每星期如此。

你在嗜好方面所面对着的竞争，很可能和你在职业上所遭遇的问题一样严重。

改变自己一向坚持的立场去追求别人的认可并不能获得真正的幸福，这样一条简单的道理并非人人都能在内心接受它，并按照这条道理去生活。因为他们总是认为，那种成功者所享受到的幸福就在于他们得到了我们这个世界大多数人的认可。

人们曾一度耽于一些幻想。假定你确实希冀从他人那儿得到认可，更进一步假定得到这种认可是一种健康的目标，脑子里装满这种假定后，你就会想到，实现你的目标的最好、最有效的途径是什么呢？在回答这一问题之前，你的脑子里就会想象你的生命中有这样一个似乎获得了大多数人认可的人。这个人是一个什么样的人呢？他怎样行事呢？他吸引每个人的魅力何在呢？你的脑中这个人的形象，也许就是一个坦率、不转弯抹角的人，也许就是一个不轻易苟同他人意见的人，也许就是一个实现了自我的人。不过，出乎意料的是，他可能很少或没有时间去寻求他人的认可。他很可能就是一个不顾后果、实话实说的人。他也许发现策略和手腕都不如诚实正直重要。他不是一个容易受伤的人，而是一个没有时间去想那些巧舌如簧和将话说得很有分寸之类的雕虫小技的人。

　　这难道不是一个嘲讽吗？似乎得到了生命中最多认可的人却是从不为他人而活的人。下面的这则寓言也许能很好地说明这个问题，因为幸福是无须寻求他人的认可。

　　一只大猫看到一只小猫在追逐它自己的尾巴，于是问："你为什么要追逐你自己的尾巴呢？"小猫回答说："我了解到，对一只猫来说，最好的东西便是幸福，而幸福就是我的尾巴。因此，我追逐我的尾巴，一旦我追逐到了它，我就会拥有幸福。"大猫说："我的孩子，我曾经也注意到宇宙的这些问题。我曾经也认为幸福在尾巴上。但是，我注意到，无论我什么时候去追逐，它总是逃离我，但当我从事我的事业时，无论我去哪里，它似乎都会跟在我后面。"

　　获得幸福的最有效的方式就是不为别人而活，就是避免去追逐它，就是不刻意苛求每个人认可自己。通过和你自己紧紧相连，通过把你积极的自我形象当作你的顾问，你就能得到更多的认可，获得更多的幸福。

　　当然，你绝不可能让每个人都同意或认可你所做的每一件事，但是一旦你认为自己有价值，值得重视，那么，即使你没有得到他人的认可，你也绝不会感到沮丧。如果你把不赞成视作是生活在这一星球上的人不可避免地会遇到的非常自然的结果，那么你的幸福就会永远存在你的内心。因为，在我们生活的这个星球上，人们的认知都是独立的，人人都应该为自己而活。

第八章

生活中有所舍，就有所得

第八章
生活中有所舍，就有所得

我们要的是水，不是装水的杯子

我们一生都在追求自己想要得到的，可是有多少追求是镜中的花、水中的月？我们不惜以毕生精力去追求外物，于是就有了太多的无可奈何，有了太多的痛苦不堪。外物仅是人生的陪衬，不是人生的主角，更不是人生的全部。如果认识不到这点，岂不要舍本逐末？

有一天，几位分别了多年的同学相约去拜访大学时的老师。

老师见了大家后很高兴，问他们生活得怎么样。没想到，这一句话就勾出了大家的满腹牢骚。大家纷纷诉说着生活的不如意：工作压力大呀，生活烦恼多呀，做生意的商战失利呀，当官的仕途受阻呀，仿佛都成了时代的弃儿。

老师笑而不语，从厨房里拿出了一大堆杯子，然后摆在茶几上。这些杯子各式各样，形态各异，有瓷器的，有玻璃的，有塑料的，有的杯子看起来豪华而高贵，有的则显得普通而简陋。

老师说："大家都是我的学生，我就不把你们当客人看待了。你们要是渴了，就自己倒水喝吧。"

众人正好都说得口干舌燥了，便纷纷拿了自己看中的杯子去倒水喝。等大家手里都端了一杯水时，老师说话了。他指着茶几上剩下的杯子说："你们注意了没有，你们手里的杯子都是最好看、最别致的杯子，而像这些塑料杯却没有人去选它。"

当然，大家对此都不觉得奇怪，因为谁不希望自己拿着的是一只好看的杯子呢？

老师继续说："这就是你们痛苦和烦恼的根源。大家需要的是水，而非杯子，但我们总是会有意无意地去选择漂亮的杯子。这就如同我们的生活，如果生活是水，那么工作、金钱、地位这些东西就是杯子，它们只是我们盛起生活之水的工具。其实，杯子的好坏，并不影响水的质量。如果将心思花在杯子上，我们哪里还有心情去品尝水的苦甜啊！这，不就是自寻烦恼吗？"

真正的幸福，是杯子里的水，而不是装水的杯子。换言之，财富、地位、名利，这些让很多人欲罢不能的东西，其实只是生活的装饰、生活的虚相而已，并不是生活本身。可惜，很多人把生活的重点放错了，忘记了此生的目的，把心思都放在了追求错误的东西上，痛苦自然难免。

在人生的旅途中经常会遇到许多分岔口，与其盲目地前行，不如在适当的时候停下来想一想，什么才是自己的需要，什么能使自己更快地走向成功。选择是人生成功道路上的必备路标，只有量力而行的明智选择才会拥有辉煌的成功，然而那些错误的追求是要不得的。

美国威克教授曾经做过一个有趣的实验：把一只蜜蜂和苍蝇同时放进一只平放的玻璃瓶里，使瓶底对着光亮处，瓶口对着暗处。结果，那只蜜蜂拼命地朝着光亮处挣扎，最终气力衰竭而死，而乱窜的苍蝇竟能做到从细口瓶颈逃生。

不懈追求历来被认为是一种可贵而值得称道的精神。郑板桥的"咬定青山不放松，任尔东西南北风"，讴歌的是执着追求；姚雪垠穷其半生心血，青丝熬成银发，写完了五卷本数百万字的《李自成》，靠的是执着追求。但是坚持错误的追求有时则是一种自欺。在这个世事难料的世界，种种的原因都可能会制约着美梦成真，与其坚持不懈地追求错误的东西，不如明智地放弃，然后另选一条捷径。

坚持是追求卓越的一种优秀品格，但是，当出现在我们面前的是一座无法逾越的大山时，我们所需要的就不是一条路走到黑的执着。这时，放弃这个错误坚持则更加重要，然后再作明智的选择，行走另外一条路。因为天无绝人之路，上天在关掉一扇门的同时，也会为你再开一扇窗的，所以我们需要的是灵活应变，而不是盲目地执着追求。

错误的坚持不可取。曾经有一头小毛驴，背着一捆草在路上走，走到半路的时候天空忽然下雨了，因此草也变得越来越沉了。它完全可以把草丢掉，然后轻松地上路，还可以早一点赶回家去。可是它觉得已经背了这么远，丢掉太可惜，将来还要重新去背，所以就继续背着。雨越来越大，草越来越沉，它终于再也背不动了。然而此时它所背的草也霉坏了，草最终还是被丢掉了。

对于那些错误的追求，该放手的时候就要明智地放开手。对于一件没有结果的事情，过于坚持就是错误的坚持。明知道是一条走不通的死胡同，却还要继续往前走，面对的就只会是痛苦与浪费时间。

知足者仙境

人生在世的诸多痛苦大都是由于贪而不满所招致的。一个人的生命是有限的,而欲望是无尽的,以有限的生命去填补无尽的欲望,总会有力不从心的感觉。人生种种的不如意、不快意和不尽意,都是贪而不满带来的。贪而不满是不幸福、不快乐结出的花朵,不快乐、不幸福也是贪而不满所生产的果实。两者互为因果,亘古如此。

俗话说,知足者常乐,只有知道满足,才能体会到由满足而带来的幸福的感觉。知足也是一种心态、一份从容,身边的许多诱惑不挂碍于心,淡泊心志,进退无忧。

知足是让我们养成幸福的习惯,有了这个习惯,我们的生活中的幸福就会一个接一个。如果每天都以一份知足的心态去面对生活,生活就不会再像以前那样苦闷无聊了,而是会变得生动快乐起来。

从前,大森林里居住着一个动物王国。动物王国的成员不断地发展壮大,很快地,动物王国的领地已不能满足如此多的成员栖息了。为此,狮王召开了全体动物大会,在会上狮王决定派遣一支探险队,到没有同类足迹、没有人类活动痕迹的地方去开拓新的领地。

骆驼被狮王任命为探险队队长,探险队其他成员还包括猎豹、大象、狐狸、长颈鹿、猩猩。大家做好了充足的准备,便踏上了寻找新家园的征程。

一路上,队员们在骆驼队长的带领下,跋山涉水,晓行夜宿,翻山越岭,穿过戈壁荒漠,历尽千辛万苦,可是没能找到适合栖息的理想的家园。于是,有的队员就开始心灰意冷,不断地

第八章
生活中有所舍，就有所得

抱怨起来，说路如何难走，说食物如何难吃……只有猩猩一路上始终很愉快。

有一天清晨，队员们还在熟睡中，猩猩起床去河边洗脸，当它返回的时候，其他的队员们才刚刚起床。

"早上好，伙计们！"猩猩心情愉快地向同伴们打招呼，可是，它们一个个都没反应。

"伙计们，嗨，今天的天气多好啊，清晨的景色多美啊！"猩猩再一次向同伴们打招呼，并快乐地哼起歌来。猩猩的举动很是让其他动物费解。

狐狸翻着白眼问道："你好像很高兴啊，你难道拾到了宝贝吗？还是找到了什么新鲜玩意儿？"

"是的，你说得没错，"猩猩说，"我看到了一路上我们可以看见的美丽的风景和奇观，我被它们的美丽迷住了，深深地陶醉其中，这难道还不足以高兴吗？你们为什么只顾低头走路，难道大自然的馈赠还不能让你们满足吗？"

有时候，我们被自己的目标牵引得太紧了，没有放松的余地，其实这样一来原本属于我们的快乐也从我们身边溜走。同样是探险队里的成员，同样的跋山涉水、艰苦行进，可是得到的生活却不一样。猩猩因为知足，懂得欣赏大自然的馈赠而身心愉快；同伴们只知道一味地寻找目标，不知道满足更不懂得欣赏，错过了路上优美的风景，最后疲惫不堪一无所获。

现实生活中也是如此，如果我们孜孜以求于一个目标，会错过很多原属于你的东西。而且，一个目标实现了还会有更多个目标等着你去完成。目标是没有终极的，不可能说一个目标完成了，生命就终止了或者就不用努力了。人总是这山望着那山高，得陇望蜀，为达目的，不惜心力交瘁，这都是贪而不满引起的。

生活的本质就是如此，如果你什么都不知足，那你将什么也挽留不住，幸福和快乐对你来说都是短暂的，稍稍眷顾就离你而去，痛苦和郁闷将时常伴随你，让你生活不得安宁，让你的心灵里生满野草。

《菜根谭》中说："都来眼前事，知足者仙境，不知足者凡境。"可见知足者和不知足者的境遇竟是天壤之别。懂得知足的人，知道自己的奋斗的底线，会依照这个底线为自己制订发展计划，而不会好高骛远，也不会殚精竭虑地算计。知足者不辱，那些受到了侮辱的人很多就是不知足的缘故。不知足者就会上蹿下跳，为了自己的利益妨碍或是伤害别人，最终招致别人的反对和侮辱，实际上也是其自取其辱。

人要懂得知足，不要对自己和社会要求太高，所谓爬得越高摔得越狠，因为不知足，往往有多大的幻想就会受到多大的伤害。人生短暂，生命的充实和快乐才是最重要的。如果只会一味地贪求，那么心灵就会让贪而不满的泥潭吞噬，终日陷入于惶惑和恐惧之中，生活变得空虚，也谈不上幸福和愉快了。

知足常乐，知足是我们索求快乐时必备的心态。如果贪而不满，就不要责怪上天为什么让你痛苦了。在知足的基础上积极地打拼奋斗，幸福和成功将会同时收获，那样的人生才是真正意义上的人生。

第八章
生活中有所舍，就有所得

人生需要断舍离

在人生的旅途中，一个人如果喜欢把自己所遇到的每件东西都背上，这样就会感觉到非常累，说不定哪天会因身负如此沉重的东西而停滞不前或倒地不起。不要去强求那些不属于自己的东西，要学会适时放弃。也许在你放松心情时，会得到你曾经想要得到而又没得到的东西，会在此时有意外的收获。从前，有位樵夫生性愚钝，有一天他上山砍柴，不经意间看见一只从未见过的动物，于是，他上前问："你是谁？"

那动物说："我叫'聪明'。"

樵夫心想：我现在就是很愚钝，缺少聪明啊！把它捉回去算了！

这时，"聪明"突然说："你现在想捉我，是吗？"

樵夫吓了一跳：我心里想的事它都知道！那么，我不妨装出一副不在意的模样，趁它不注意时赶紧捉住它。

结果，"聪明"又对他说："你现在又想假装成不在意的模样来骗我，等我不注意时把我捉住带回去，是吗？"樵夫的心事被"聪明"看穿了，所以就很生气，心想：真是可恶！为什么它都能知道我在想什么呢？

谁知这种想法马上又被"聪明"知道了。它又开口道："你在为没有捉住我而生气吧！"

于是，樵夫开始从内心检讨：我心中所想的事好像反映在镜子里一般，完全被它看穿。我应该把它放弃，专心砍柴。还是顺其自然的好，干吗生气徒增烦恼呢？

樵夫想到这里，就挥起斧头，专心地砍起柴来。一不小心，斧头掉下来，却意外地压在"聪明"的身上，"聪明"立刻被樵夫捉住了。

　　适时放弃是一种智慧，会让你更加清醒地审视自身内在的潜力和外界的因素，会让你疲惫的身心得到调整，开始新的追求，成为一个快乐、明智的人。有的人不愿放弃是因为不能正确地认识自己及客观事物，或者不能正确地审时度势。放弃不应是心血来潮的随意之举，也不是无可奈何的退却策略，而是对客观情况的缜密分析，是沉着冷静、坚强意志的结果和体现。正确的放弃是成功的选择。

　　1976年，英国探险队成功登上珠峰，下山时却遇上了狂风大雪。如果扎营休息，恶劣天气很可能导致全军覆没；而继续前行必须放弃随身的贵重物资和宝贵的资料，还要在食物缺乏、随时有失去生命危险的情况下前进10天。这时退役军人莱恩率先丢弃了所有的随身装备，并和队友们忍受着寒冷、饥饿和疲劳，相互鼓励着不分昼夜地行走，只用了8天的时间就到达了安全地带。

　　这是一个惊心动魄、生死攸关的有关放弃的故事，它告诉我们如何正确地对待和选择放弃。

　　人的执着常常被奢望所鼓舞。世间太多美好的事物已成为我们苦苦追求与向往的，成为我们活着的一大目的，殊不知，我们在不断拥有的同时，也在不断地失去。为金钱所累，为名利所累，最终付出的将是健康甚至是生命的代价。

　　适时放弃是对生命的呵护。当今社会残酷的竞争带来的是沉重的压力和难言的负荷。由于长期超负荷运转，致使许多年轻的生命过早凋零。也许他们在倒下的瞬间才明白：人生一世，健康才是最大的财富。人生苦短，以生命为代价是沉重的，是任何东西都无法弥补的。为将来着想，为长远考虑，为何不学会适时放弃呢？

一个人在处世中，拿得起是一种勇气，放得下是一种肚量。对于人生道路上的鲜花、掌声，有糊涂智慧的人大都能等闲视之，屡经风雨的人更有自知之明。但对于坎坷与泥泞，能以平常之心视之，就非常不容易。大的挫折与大的灾难，能不为之所动，能坦然承受，这是一种胸襟和肚量。

人生路上一样，大千世界，万种诱惑，什么都想要，会累死你；该放就放，你会轻松、快乐一生。人生苦短，每个人都会有得意、失意的时候，世上没有一条笔直和平坦的路，又何必痴求事事如意呢？如若烦忧相加、困扰接踵，对身心只能有害无益。

我们应该保持心静如水、乐观豁达，让一切随风而来，又随风而去，且须从心底经常及时剔除烦忧。心房常常"打扫"，方能保持清新亮堂。正如我们每天打扫卫生一样，该扔的扔，该留的留，心灵自然会释然，继而做到胸襟开阔，积极向上，在人生路上走得更潇洒。

不为名利所困，心中则无牢笼

人世间，总是交织着众多的名利是非，搅得身陷其中的我们，整日为名利是非所累，为金钱得失所烦。殊不知，所谓的名利是非、金钱得失均不过是人生浮云，转眼即逝。

从前有一个渔翁在梦中见到了上帝。

上帝问道："你想和我交谈吗？"

渔翁说："我很想和你交谈，但不知道你是否有时间？"

上帝笑道:"我的时间是永恒的。你有什么问题吗?"

渔翁说:"你觉得人类最烦恼的是什么?"

上帝答道:"为名利而活,又为名利而烦。他们牺牲自己的健康来换取金钱,然后又牺牲金钱来恢复健康。他们对未来充满忧虑,却忘记了现在。于是,他们既不生活于现在之中,也不生活于未来之中。他们活着的时候好像从不会死去,但是死去以后又好像从未活过……"

上帝握住渔翁的手,他们沉默了片刻。

渔翁问道:"作为智者,你有什么生活经验想要告诉现在的人?"

上帝笑着回答道:"金钱名利乃身外之物,要想活得轻松,就别将名利记心头。人们应该知道,一生中最有价值的不是拥有什么东西,而是拥有健康的心态和体魄。人们应该知道,与他人攀比是不好的。人们应该知道,富有的人并不是拥有最多,而是需要最少。人们应该知道,金钱可以买到任何东西,却买不到幸福。人们应该知道,两个人看同一件事物,会看出不同的东西。人们应该知道,我始终存在。"

造物主在把那么多美德赋予了人类的同时,也把名利、是非、金钱得失同时嵌入了人的身体。于是这些固有的心病便成了桎梏与羁绊,成了悬崖与深渊,它们将许许多多的人挡在了幸福的大门之外。

人的一生常被名利所束缚。名利对于人,实用的少,更多的是一种心理上的安慰,一种对自己价值的确认。因此,名利只不过是一个人所挣得的自己的身价而已。人总是通过名利来标明自己价值的高低,没有了名利,人自己常常也会对自己的价值产生怀疑，对自己在世上的价值失去信心。因此，为追求名利，很多人都不惜终生求索，使名利的绳索最后变成了人生的绞索，断送了人生所有的快乐与欢笑。

《菜根谭》中说："富贵名誉，自道德来者，如山林中花，自是舒徐繁衍；自功业来者，如盆槛中花，便有迁徙兴废；若以权力得者，如瓶钵中花，其根不植，其萎可立而待矣。"这些话的意思是：一个人的荣华富贵，如果是因为施行仁义道德而得来的，就会像生长在大自然中的花一样，不断繁衍生息，没有绝期；如果是从建立的功业中得来的，就会像栽在花钵中的花一样，因移动或环境变化而凋谢；若是靠权力霸占或谋私所得，那这富贵荣华就会像插在花瓶中的花，因为缺乏生长的土壤，马上就会枯萎。这就告诉我们，没有道德修养，仅靠功名、机遇或者是非法手段求得的福，千万要警惕。它们不是不能长久，转瞬即逝，就是意味着灾难，伴随着毁灭。只有那些德性高尚的人，才能领悟个中道理，保住一生平安。

还是洪应明老先生说得对："势利纷华，不近者为洁，近之而不染者为尤洁；智械机巧，不知者高，知之而不用者为尤高。"这话的意思就是：面对诱人的荣华富贵和炙手的权势、名利，能够毫不为之动心的人，其品格是高洁的；而接近了富贵和权势名利却不沾染一丝奢靡之习气的，这种品格就更为高洁了。不知道投机取巧玩弄权术的手段的人，固然是清高的；知道了却不去采用它，这种人无疑是最清高的。也就是说，面对荣华富贵，不被这些东西迷惑，能洁身自好的人，就不会受到玷辱，就能平安无事。

淡泊名利、无求而自得，是一个人走向成功的起点。促使人追求进取的是金钱名利,阻碍人向前迈进的是金钱名利,使人坠入万丈深渊的也是金钱名利。所以,人生在世,千万不要把金钱名利看得太重,如此方能超然物外,活得轻松快乐。

保持一颗平常心,拒诱惑于门外

我们每个人一生会遇到很多诱惑与陷阱。要么是我们被别人诱惑,要么我们去诱惑别人。其实每个人都经受不住诱惑,只是每个人被诱惑的底线不同。

有的人能克制住自己潜在欲望与内在的野心,有些人却很难管住自己,明知是泥塘,是深渊,也要往下跳。有了诱惑的第一步,当然就有陷阱。既然别人帮你得到了你想要的,又得到了你所期盼的物质与权力、地位,你总得付出点什么吧,也要补偿别人些什么。纵使别人不说,但你自己内心又有多少可以承受与接纳的底线?

这个社会越来越开放,越来越均衡发展,无论你是诱惑别人,还是迷惑你自己,找准本我最重要,不然到头来你会在诱惑的陷阱里麻痹与挫败。

据说,东南亚一带有一种捕捉猴子的方法非常有趣。当地人将一些美味的水果放在箱子里面,再在箱子上开一个小洞,大小刚好让猴子的手伸进去。猴子经不住箱子中水果的诱惑,抓住水果,手就抽不出来,除非它把手中的水果丢下。但大多数猴子恰恰不愿丢掉到手的东西,以致当猎人来到的时候,不须费什么气力,就可以很轻易地捉住它们。

其实,人又能比猴子高明多少呢?现实生活中许多人无法抗拒诸如金钱、权力、地位的诱惑,沉迷其中而不能自拔。诱惑是个美丽的陷阱,落入其中者必将害人害己,无法自救;诱惑又是枚糖衣炮弹,无分辨能力者必定被击中;诱惑还是一种致命的病毒,会侵蚀每一个缺乏免疫力的大脑。

经不住金钱诱惑者,信奉金钱至上,金钱万能,说什么"金钱主宰一切","除了天堂的门,金子可以叩开任何门"等。他们视金钱为上帝,不择手段去得到它。他们一边用损坏良心的办法挣钱,一边又用损害健康的方法花钱。钱越多的人,内心的恐惧越深重。他们怕偷、怕抢、怕被绑票。他们时时小心,处处提防,惶惶然不可终日,寝食难安。恐惧的压力造成心理严重失衡,哪里有快乐可言?其实,钱财乃身外之物,生不带来死不带去,应该取之有道,用之有度。金钱也并非万能,健康、友谊、爱情、青春等都无法用金钱购买。金钱可以使人成为它的一个很好的奴隶,而此时的它却是一个很坏的主人。我们应该做金钱的主人,而不应该沦为它的奴隶。

落入权势诱惑之陷阱者,终日处心积虑,热衷于争权斗势,一朝不慎就会成为权力倾轧的牺牲品,永生不得翻身。结党营私,各树党羽,明争暗斗,机关算尽,到头来算来算去算自己。过于沉迷权势的人,为了保住自己的"乌纱帽",处处阿谀奉承,事事言听计从,不仅失去了做人的尊严,更不用说有什么做人的快乐了!

经不住美色诱惑者,流连忘返于脂粉堆中,醉生梦死于石榴裙下。古往今来,不知有多少王侯将相的前程断送在声色之中。君不见,李隆基因了一个杨玉环,终日不理朝政,最终导致权奸作乱,好端端一个开元盛世顷刻间土崩瓦解;吴三桂冲冠一怒为红颜,为了一个陈圆圆,引清兵入关,留下千古罪名。

"塞翁失马,焉知非福"。这世界的游戏规则也是相同的,有得有失。当你接受一种诱惑时,随之而来的就是某些变故与失落,你一定要考虑好,诱惑背后是什么,对你的未来是永远的平坦,还是暂时的辉煌。

这个世界太浮躁,有太多的诱惑,一不小心就会掉入美丽的陷阱。所以,为人一定要坚守本分,保持一颗平常心,拒诱惑于门外。

是陷阱,不是馅饼

人们从小就受到这样的教育:不劳而获可耻,不劳动者不得食。其实,这样简单的道理人人都懂,但是未必人人都能做到真正地去劳动。

现实生活中就有这样一些人,他们厌恶劳动,不想付出任何辛苦,只是幻想哪天天上能掉下个大馅饼砸到自己身上,自己出门捡到钱包,买彩票中了大奖,一夜暴富。实际上,对于一些人来讲,暴富倒未必是好事,因为一个人的所得如果不是靠劳动换来的,他是不会珍惜的。因为来得容易可能会去得更快。因此,从某种意义上说,暴富比贫穷更危险。

世界上没有白白获得的东西,成功不会从天而降,需要自己去争取、去寻求、去创造。守株待兔得来的永远只有一只兔子,只有积极地行动起来,才会获得成百上千只兔子。

许多年前,一位聪明的国王召集了一群聪明的臣子,给了他们一个任务:"我要你们编一本各时代的智慧录,好流传给

第八章
生活中有所舍，就有所得

子孙。"这些聪明人离开国王后，工作了很长的一段时间，最后完成了一本十二卷的巨作。

国王看了以后说："各位先生，我确信这是各时代的智慧结晶，然而，它太厚了，我怕人们不愿读，把它浓缩一下吧。"这些聪明人又长期努力地工作，几经删减之后，完成了一卷书。然而，国王还是认为太长了，又命令他们再浓缩，这些聪明人把一卷书浓缩为一章，又浓缩为一页，然后减为一段，最后变为一句话。

聪明的老国王看到这句话后，显得很满意。"各位先生，"他说，"这真是各时代智慧的结晶，并且各地的人一旦知道这个真理，我们大部分的问题就可以解决了。"

这句话就是："天下没有白吃的午餐。"

这则故事告诉人们这样一个道理：没有积极的行动，你就与成功无缘。

现实生活的大道上，你多少会遇到一些陷阱，而这些陷阱之中最为可怕的一种是你亲手为自己挖掘的——因为贪心，你会忽略你的弱点，不顾一切去满足你的欲望。这时，即使危险摆在你面前，你也无法去理会、去避让，贪心遮住了你的双眼，使你无法看到危险所在。

当你看到诱人的东西时，你能遏制心中的贪念吗？有的人认为贪婪是人的本性，其实贪婪只是人的弱点，关键在于你能否掌控自己的心。大千世界，万种诱惑，一个人若什么都想要，定会把自己累死，该放就放，不要贪心，集中精力抓住生命中最重要的东西就好。

鱼妈妈带着小鱼们在池塘里觅食，忽然它们前面出现了一个弯弯的东西，还散发出一阵阵诱人的香味。

"那一定是好吃的。"一条小鱼说着就准备抢前一步去吃。

鱼妈妈赶紧拦住这条淘气的小鱼："慢着，这不是可口的食物，它是钓鱼人放下来的诱饵！"

小鱼又问妈妈："你怎么知道它是诱饵呢？再说我也没有看见钩啊！我要怎么样才能吃到这美味的食物呢？"

鱼妈妈说:"钓钩就在里面，你是看不见的。如果你要去吃它，你就得冒着被人捕食的危险，所以还是离它远一点。"

"可是它就在眼前，轻而易举地就可以吃到。怎么才能不费劲又能吃到这种美味呢？"小鱼还是不死心。

"我的孩子，"鱼妈妈耐心地说，"这是不可能的，保证自己安全的最好办法就是不要去碰它，如果你一定要去品尝这美味，你将会付出生命的代价。所以你们绝对不能去碰它！"

小鱼点点头："那我们怎么知道它里面有没有钓钩呢？"小鱼接着问道。

"其实我刚刚都已经说了啊！"鱼妈妈说，"一种你不用付出任何努力，轻而易举就能吃到的可口美味，里面就很可能有钓钩。"

人生只是一段平平常常的旅程，毫不奢华。我们不满足，只是因为我们贪婪，只是因为我们忘记了平常生活所蕴含的美好和珍贵。而真正的人生是一种对纷繁诱惑的涤荡，对生命的透彻领悟，以及一种内心坦荡明朗的境界。

生活中很少会发生天上掉馅饼的好事，当你想不付出劳动却妄想好事降临时，往往等待你的是巨大的阴谋。贪心的人很像沙漠中的不毛之地，吸收一切雨水，却不滋生草木以方便他人。当你贪婪地想拥有一切的时候,或许那正是你将失去一切的时候。

当你想占有什么的时候,烦恼就此开始。

谁能让自己的欲望小一些,谁就会活得轻松,过得自在,真正地摆脱心里的贫穷。

有位哲人曾说:"人之所以痛苦,不是因为拥有的太少,而是想要的太多。"正是因为欲望太多,从而造成心里贫穷。

其实我们每个人拥有的财物,无论是房子、车子或者是其他的物品……无论是任何有形的还是无形的,没有一样是你的,那些东西不过都是暂时寄存在你这里,有的让你暂时使用,有的让你暂时保管而已,到最后,物归何主都不得而知。所以智者把这些财富都视为身外之物,而贪婪者却把它们视为珍宝,到最后却往往是一无所获。

以前,有两位很虔诚、很要好的教徒,决定一起去朝圣。两人背上行囊、风尘仆仆地上路,誓言不达圣山,绝不回家。

两位教徒走啊走,走了两个多星期之后,遇见一位白发年长的圣者。这圣者看到这两位如此虔诚的教徒千里迢迢要前往圣山朝圣,就十分感动地告诉他们:"从这里距离圣山还有十天的脚程,但是很遗憾,我在这十字路口就要和你们分手了。而在分手前,我要送给你们一个礼物!什么礼物呢?就是你们当中一个人先许愿,他的愿望一定会马上实现;而第二个人,就可以得到那愿望的两倍!"

此时,其中一个教徒心里想:"这太棒了,我已经知道我想要许什么愿,但我不要先讲,因为如果我先许愿,我就吃亏了,他就可以有双倍的礼物!不行!"而另外一个教徒也想:

"我怎么可以先讲,而让他获得加倍的礼物呢?"于是,两位教徒就开始客气起来,彼此推来推去,"客套地"推辞一番后,俩人就开始不耐烦起来,气氛也变了:"你干嘛?你先讲!""为什么我先讲?我才不要呢?"

两人推到最后,其中一人生气了,大声说道:"喂,你真是个不识相、不知好歹的人,你再不许愿的话,我就把你的狗腿打断,把你掐死!"另外一人一听,没有想到他的朋友居然变脸,竟然来恐吓自己!于是想:你这么无情无义,我也不必对你太有情有义!我没办法得到的东西,你也休想得到!

于是,这一教徒干脆把心一横,狠心地说道"好,我先许愿!我希望——我的一只眼睛瞎掉!"

很快地,这位教徒的一只眼睛马上瞎掉,而与他同行的好朋友,两只眼睛也立刻都瞎掉了。

原本礼物非常美好,可以使两位好朋友互相共享,但是人的贪念与嫉妒,左右了他们心中的情绪,结果使得祝福变成诅咒,使好友变成仇敌,更让原来可以双赢的事,变成了两人瞎眼的双输!

如果他们每个人都有知足者常乐的心态,抱着有美好的礼物总比没有好的态度,不在乎多少,他们最终也不会有这样悲惨的结局。知足并不表示不进取,物质上要知足常乐,但追求上要不断向前。物质上永不知足是一种病态,其病因多是权力、地位、金钱之类引发的。这种病态如果发展下去,就是贪得无厌,其结局是自我爆炸、自我毁灭。

然而,在现实生活中我们所拥有的,并不是太少,而是欲望太多。欲望太多的结果,就是使自己不满足、不知足,甚至憎恨别人所拥有的,或嫉妒别人比我们更多,以致心里产生忧愁、愤怒和不平衡。有的时候,放弃也是一种幸福,因而要减轻欲望,获得幸福,就要懂得放弃。外在的放弃让你接受教训,而心里的放弃让你得到解脱,从而心里变得安宁。

有的时候在利益面前,不要总想着拥有,人生也需要放弃。放弃是一门艺术。在物欲横流的今天,需要你作出选择努力拥有,但更多的时候则是学会放弃。与其说是抉择得当,不如说是放弃得好。人生苦短,要想获得越多,就得放弃越多。要懂得鱼和熊掌不可兼得的道理。那些什么都不放弃的人,是不可能有多少获得的。其结果必然是对自身生命的最大的放弃,让自己的一生永远处在碌碌无为之中。

放弃是一种让步,但让步不是退步。放弃是量力而行,明知得不到的东西,何必苦苦相求;明知做不到的事,何必硬撑着去做呢?放弃更需要明智,该得时你便得之,该失时你要大胆地让它失去。有时你以为得到了但可能失去的更多;有时你以为失去了不少,却有可能获得许多。不以得喜,不以失悲,尽自己最大的努力去做,该放则放。

托尔斯泰说:"欲望越小,人生就越幸福。"这话,蕴含着深邃的人生哲理。卡耐基也曾说:"要是我们得不到我们希望的东西,最好不要让忧虑和悔恨来苦恼我们的生活。且让我们原谅自己,学得豁达一点。"根据古希腊哲学家艾皮科蒂塔的说法,哲学的精华就是:一个人生活上的快乐,应该来自尽可能减少对外来事物的依赖。罗马政治学家及哲学家塞尼加也说:"如果你一直觉得不满,那么即使你拥有了整个世界,也会觉得伤心。"且让我们记住,即使我们拥有整个世界,我们一天也只能吃三餐，一次也只能睡一张床。

"身外物，不奢恋。"这是知足常乐者的智慧，这是超越世俗的大智大勇，也是放眼未来的豁达襟怀。谁如果能做到这一点，谁就会活得轻松、过得自在，真正地摆脱心里的贫穷。

别被欲望牵着走

这是一个极具诱惑力的社会，这是一个欲望膨胀的年代，人们的心里总是塞满欲望和奢求。追名逐利的现代人，总是奢求穿要高档名牌，吃要山珍海味，住要乡间别墅，行要宝马香车。一切都被欲望支配着。

法国杰出的启蒙哲学家卢梭曾对物欲太盛的人作过极为恰当的评价，他说："十岁时被点心、二十岁被恋人、三十岁被快乐、四十岁被野心、五十岁被贪婪所俘虏。人到什么时候才能只追求睿智呢？"的确，人心不能清净，是因为欲望太多，欲望的沟壑永远填不满，人心永不知足，没有家产想家产，有了家产想当官，当了小官想大官，当了大官想成仙……精神上永无宁静，永无快乐。

伟大的作家托尔斯泰曾讲过这样一个故事：

有一个人想得到一块土地，地主就对他说："清早，你从这里往外跑，跑一段就插个旗杆，只要你在太阳落山前赶回来，插上旗杆的地就都归你。"那人就不要命地跑，太阳偏西了还不知足。太阳落山前，他是跑回来了，但人已精疲力竭，栽个跟头就再没起来。于是有人挖了个坑，就地埋了他。牧师在给这个人做祈祷的时候说："一个人要多少土地呢？就这么大。"

第八章
生活中有所舍，就有所得

人生的许多沮丧都是因为你得不到想要的东西。其实，我们辛辛苦苦地奔波劳碌，最终的结局不都是只剩下埋葬我们身体的那点土地吗？伊索说得好："许多人想得到更多的东西，却把现在所拥有的也失去了。"这可以说是对得不偿失最好的诠释了。

人人都有欲望，都想过美满、幸福的生活，都希望丰衣足食，这是人之常情。但是，如果把这种欲望变成不正当的欲求，变成无止境的贪婪，那我们就无形中成了欲望的奴隶了。在欲望的支配下，我们不得不为了权力、为了地位、为了金钱而削尖了脑袋向里钻。我们常常感到自己非常累，但是仍觉得不满足，因为在我们看来，很多人的生活比自己的生活更富足，很多人的权力比自己的大。所以我们别无出路，只能硬着头皮往前冲，在无奈中透支着自己的体力、精力与生命。

扪心自问，这样的生活，能不累吗？被欲望沉沉地压着，能不精疲力竭吗？静下心来想一想，有什么目标真的非得让我们实现不可，又有什么东西值得我们用宝贵的生命去换取？

朋友，让我们斩除过多的欲望吧，将一切欲望减少再减少，从而让真实的欲求浮现。这样，你才会发现真实的、平淡的生活才是最快乐的。拥有这种超然的心境，你就能做起事来，不慌不忙，不躁不乱，井然有序。面对外界的各种变化不惊不惧，不愠不怒，不暴不躁。面对物质引诱，心不动，手不痒。没有小肚鸡肠带来的烦恼，没有功名利禄的拖累，活得轻松，过得自在。白天知足常乐，夜里睡觉安宁，走路感觉踏实，蓦然回首时没有遗憾。

古人云："达亦不足贵，穷亦不足悲。"当年陶渊明荷锄自种，嵇康树下苦修，两位虽为贫寒之士，但他们能于利不趋，于色不近，于失不馁，于得不骄。这样的生活，也不失为人生的一种极高境界！

人生好像一条河，有其源头，有其流程，有其终点。不管生命的河流有多长，最终都要到达终点，流入海洋，人生终有尽头。活着的时候，少一点儿欲望，多一点快乐，有什么不好？

谁能多看几步，谁就笑到最后

一个人要学会放弃，放弃你不想做的事；一个人也要学会选择，选择你喜欢并擅长做的事。该放弃的时候放弃，这便是人生最好的选择。

歌德说："生命的全部奥秘就在于为了生存而放弃生存。"放弃是一门选择的艺术，是人生的必修课。没有果敢的放弃，就没有辉煌的选择。与其苦苦挣扎，拼得头破血流；不如潇洒地挥手，勇敢地选择放弃。

人生在世，有许多东西是需要不断放弃的。在仕途中，放弃对权力的争夺，得到的是宁静与淡泊；在淘金的过程中，放弃对金钱无止境的追逐，得到的是安心和快乐；在利益面前，放弃眼前的小利，得到的将是长远的大利。

一个青年非常羡慕一位富翁取得的成就，于是跑到富翁那里询问他成功的诀窍。

富翁弄清楚了青年的来意后，什么也没有说，转身到起居室拿来了一只大西瓜。青年迷惑不解地看着，只见富翁把西瓜切成了大小不等的3块。

第八章
生活中有所舍，就有所得

"如果每块西瓜代表一定程度的利益，你会如何选择呢？"富翁一边说，一边把西瓜放在青年面前。

"当然是最大的那块！"青年毫不犹豫地回答，眼睛盯着最大的那块。

富翁笑了笑："那好，请用吧！"

富翁把最大的那块西瓜递给青年，自己却吃起了最小的那块。青年还在享用最大的那一块的时候，富翁已经吃完了最小的那一块。接着，富翁得意地拿起剩下的一块，还故意在青年眼前晃了晃，大口吃了起来。其实，那块最小的和最后一块加起来要比最大的那一块大得多。

青年马上就明白了富翁的意思：富翁吃的瓜虽没自己的大，却比自己吃得多。如果每块代表一定程度的利益，那么富翁赢得的利益自然比自己多。

吃完西瓜，富翁讲述了自己的成功经历。最后，他语重心长地对青年说道："要想成功就要学会放弃，只有放弃眼前利益，才能获得长远利益，这就是我的成功之道。"

三个年轻人一同结伴外出，寻求发财机会。

在一个偏僻的山镇，他们发现了一种又红又大、味道香甜的苹果，由于地处山区，信息、交通都不发达，这种优质苹果仅在当地销售，售价非常便宜。

第一个年轻人立刻倾其所有，购买了10吨最好的苹果运回家乡，以比原价高两倍的价格出售。这样往返数次，他成了家乡的第一名万元户。

第二个年轻人用了一半的钱，购买了100棵最好的苹果树苗运回家乡，承包了一片山坡，把果苗栽种上。整整3年的时间，他精心看护果树，浇水灌溉，没有一分钱的收入。

第三个年轻人找到果园的主人，用手指着果树下面，说："我想买些泥土。"

主人一愣，接着摇摇头说："不，泥土不能卖。卖了还怎么长果？"

第三个年轻人弯腰在地上捧起满满一把泥土，恳求说："我只要这一把，请你卖给我吧。要多少钱都行！"

主人看着他，笑了："好吧，你给1块钱拿走吧。"

他带着这把泥土返回家乡，把泥土送到农业科技研究所，化验分析出泥土的各种成分、湿度等。然后，他承包了一片荒山坡，用了整整3年的时间，开垦、培育出与那把泥土一样的土壤。然后，他在上面栽种上苹果树苗。

结果，10年过去了，这3位一同结伴外出、寻求发财之路的年轻人的命运却迥然不同。

第一位购买苹果的年轻人现在每年依然还要去购买苹果，运回来销售；但是因为当地信息和交通已经很发达，竞争者太多，所以每年赚的钱很少，有时甚至不赚或者赔钱。

第二位购买树苗的年轻人早已拥有自己的果园，因为土壤不同，长出来的苹果有些逊色，但是仍然可以赚到相当的利润。

第三位购买泥土的年轻人，也是最后拥有并收获苹果的人，他种植的苹果果大味美，和原来的苹果相比不相上下，每年秋天引来无数的购买者，总能卖到最好的价格。

我们发现眼前的利益就是最大和最好的，但等到我们把事情做完后才发现，原来还要耗费那么多的精力和时间。而如果用同等的精力和时间去做别的事情，虽然一下子没有那么多的利益，但是做的事情却多得多，总利益也比做一件事情要多得多。所以，只有放弃眼前的蝇头小利，才能获得长远的大利。

  在现实生活中不同的人有不同的眼光，只顾眼前利益的人，虽然会暂时表现得相当出色，却缺少一种对未来的把握和规划能力。只有懂得舍弃眼前的小利的人，才有可能登上人生境界的顶峰，获得长远的大利。

  选择其实就是一个"放"与"取"的过程。该放什么，该取什么，说到底是一种人生艺术。放弃就是为了更好地选择。只要你在自己的人生道路上，找到适合自己的人生坐标，你就能够充分发挥自己的聪明才智，改变你自己的命运，从而到达成功的彼岸。

第九章

轻易不发脾气,做一个快乐聪明的自己

第九章
轻易不发脾气，做一个快乐聪明的自己

咽下怨气，理智争气不生气

当你历尽艰辛，通过周密的考虑，准备要实施某项计划时，却不能得到他人的理解。此时冷嘲热讽围绕着你，让你寝食不安，坐卧不宁，伤心痛苦至极，你会有所埋怨，自暴自弃，从而放弃自己以前的努力吗？万万不能！那样你不仅会前功尽弃，还会造成别人对你的误解。你要任劳任怨，努力地争取获得他人的理解，力争让计划变为现实，事实是替你辩解的最好证据。

江涛刚从某大学英语专业毕业，自认为英文水平已经达到炉火纯青的地步，听、说、读、写对他来说都只是雕虫小技。他认为自己是就业市场中的绩优股，有很多选择工作的机会，肯定人人抢着要。于是，他便寄了很多英文履历到一些很不错的外资公司去应聘。他想象着自己被多家公司争抢的局面，心里愈加得意。

然而，时间一天天过去了，江涛投递出去的简历犹如石沉大海一般，杳无音信，他开始忐忑不安起来。恰巧就在此时，他收到了其中一家公司的来信，迫不及待地打开，不禁愣在那里。原来信中内容不是对他的特意邀请，而是对他尖刻地讥讽。信里刻薄地提到："我们公司并不缺人，就算职位奇缺，也不会雇用你。虽然你认为自己的英文程度已经相当不错，但是从你写的履历来看，你的英文写作能力只能跟一名程度较差的高中生相提并论，连一些常用的文法也错误百出。"

江涛看了这封信后，气得火冒三丈，好歹自己在学校一直都名列前茅，怎么可以任人将自己批评得体无完肤、一文不值！他越想越气，立刻提起笔来，打算写一封回信，把对方痛骂一番，以消除自己心中无尽的怨气。

正当江涛准备下笔之际，却忽然犹豫起来。他想，别人不可能无缘无故写信批评他，事出有因，也许自己真的太过于自信，犯了一些不易察觉的错误。这样一想，他的怒气渐渐平息下去，自我反省了一番后，反而觉得应该感谢一下这家公司，因为它指出了自己的不足之处，让他能够清醒地重新审视自己。于是他便写了一封感谢信给这家公司，用字遣词诚恳真挚，把自己的感激之情表露无遗。几天后，江涛再次收到这家公司寄来的信函，出乎意料的是他被这家公司录取了。

有一位证严法师曾说过："很多人常说，要争一口气，其实，真正有功夫的人，会把这口气咽下去。"

很多人往往只看得见别人的过错，看不见自己的缺陷，面对别人的指责，也常常不加自省，反倒怨气冲天，以恶言相击来掩饰自己的心虚。

麦金莱任美国总统期间，曾因一项人事调动而遭到许多议员政客的强烈指责。在接受代表质询时，他遭到一位脾气暴躁的国会议员的责骂。但麦金莱却若无其事地一声不吭，听凭这位议员大放厥词。待这位国会议员发泄完，稍微平静一些之后，他才用极其委婉的口气说："现在你的怒气平和了吧？照理说你是没有权利责问我的，但现在我仍愿意详细解释给你听……"最后，他说得那位气势汹汹的议员心服口服，羞愧地低下了头。

在生活中，遭到指责和抱怨的事常常会发生，虽然这是极不愉快的事，有时会使人觉得很郁闷、很尴尬，尤其是在大庭广众面前受到无情的指责时，更是不堪忍受，但如果换一个角度，从提高一个人的处世修养方面讲，无论你遇到哪种情况、何种方式的指责，都应该从容不迫、深刻反思。咽下这口怨气，并不代表你懦弱无能，相反，能显示出你的涵养和大度，为你创造更多有利条件，从而为自己争取到更多的机会。

学会正确表达愤怒，不要一味隐忍

以前有一位刚从军队中退伍的士兵说过一个笑话。一位团长满面通红地对脸色发白的营长发脾气；营长回去，又满面通红地对脸色发白的连长冒火；连长回到连上，再满脸通红地对脸色发白的排长训话……

我不知道他们的怒火，是真的，还是假的。是真的，也是假的；当怒则怒，当服则服。

每次想到他说的画面，就让我想起电视上对日本企业的报道：职员们进入公司之后，不论才气多高，都由基层做起，先学习服从上面的领导。在熙来攘往的街头，一个人直挺挺地站着，不管人们投来的奇异的眼光，只大声呼喊各种"老师"规定的句子。

他们在学习忍耐，忍耐清苦与干扰，把个性磨平，将脸皮磨厚，然后——他们在发怒的时候，以严厉的声音训斥部属，也以不断鞠躬的方式听训话。怪不得美国人常说："在谈判桌上，你无法激怒他们，所以很难占日本人的便宜。"

既会发怒,又难以被激怒;适时发怒,又适可而止。这就是发怒的学问。最重要的是,在用发怒表示立场之前,应该先学会在人人都认为我们会发怒的时候,能稳住自己不发怒。

怒是人生的一件必需品,发怒也是一种相互依赖。生物学中有一个简单的原理,即人天生就有自助能力。所有儿童天生就会生气,这是一种健康的表现,这是一种抗争或抗争反应。当父母对孩子不好或在情感上无意地忽视孩子时,孩子会用哭泣表示愤怒,但他们通常会压抑孩子合理的愤怒。父母不应该要求完美,应给予所有孩子表示生气的机会,对愤怒的压抑比创伤危害更大。像催眠曲中"噢……宝宝不要哭"这样的句子对父母倒很实用,而对孩子却没有益处。也许父母像孩子一样,不得不压抑愤怒,从愤怒恢复平和心态对父母也同样适用。

人们相互之间应形成相互依赖关系,这种关系是孩提时代所形成的依赖关系的再现,是在无意识的情况下为了宣泄受压抑的愤怒和忧伤而形成的。我们当中许多人寻找过伙伴、雇主和朋友,他们使我们回忆起我们和父母的关系,而这些关系并不让我们感到愉快。

最糟时期过后,正常情绪得以恢复,最终得到持续的快乐。这种快乐不是一时的"情绪高涨",而是定义为远离焦虑和沮丧。我们又重新得到爱和被爱的能力。

积极的、具有攻击性生气情绪的人通常会吹毛求疵,而且不能被拒绝,所以和这样的人相处时,就如同走在蛋壳上一样。这种行为在很多时候,是一种自我表现的保护方式,保护他们在面对批评和拒绝时,不会感到痛苦。说白了,就是要面子。理智与情绪的争战也往往由此而生。是怒火压倒理性,还是理智更胜一筹，全看你是"秉公"还是"徇私"。

人生在世，谁都会难免与别人产生摩擦、误会甚至仇恨，但千万不要被愤怒夺去理智，别忘了用宽容和忍耐来稀释自己的怒火，这样就会少一份阻碍，多一份成功的机遇。否则，你将会永远被挡在通往成功的门外，直至最后被打倒。

君子有所怒，有所不怒

心若改变，你的态度跟着改变；态度改变，你的习惯跟着改变；习惯改变，你的性格跟着改变；性格改变，你的人生跟着改变。在顺境中感恩，在逆境中依旧心存喜乐、远离愤怒，认真、快乐地生活，怀着爱心做大事情。

我曾看过几次成人在街头打架，印象最深刻的是两个人刚动手，就听见有东西掉在地上的声音，循声望去，原来是两只断了表带的手表；也碰到过人们在餐馆一言不和，大打出手，妙的是这个狠狠地给那个一拳，那人倒在椅子上，椅子咔嚓一声就断成了三截。后来我常盯着自己的手表和椅子想：看起来这表带挺结实，我打篮球、做体操，它都不会掉。还有这椅子，两百磅的大胖子坐上去也不会垮，为什么打架的时候那么不经用呢？我想出的答案是：它们都是为理性的人做的。理性时再结实的东西，碰到不理性的动作，都将变得脆弱无比。

问题是，人毕竟是人，是人就有情绪，有情绪就可能发怒。挪威首都的"维格兰雕刻公园"有数百座雄伟壮观的雕塑，伫立在中央走道的两侧。公园的中心点，则是耸入天际的名作——"生命之柱"。奇怪的是，旅客大多却围在一个不过三尺高的小铜像前。那是一个跺脚捶胸、号啕大哭的娃娃——公园里最著名的"怒婴像",高举着双手,提起一只脚,仿佛正要狠狠地踢下去。虽然只是个铜像,却生动得好像能听到他的声音、感觉到他的颤抖。他是在发怒啊!为什么还这么可爱呢?大概因为他是个小娃娃吧,被激动了本能,点燃了人类最原始的怒火。谁能说自己绝不会发怒?只是谁能在发怒的时候,能像这个娃娃,既宣泄了自己的情绪,又不造成伤害?

在陈凯歌导演的电影《霸王别姬》和张艺谋导演的电影《活着》中,都有表现发怒的情节。在《霸王别姬》里,两个不成名的徒弟去看师父,师父很客气地招呼他们。但是当二人请师父教诲的时候,那原来笑容满面的老先生,居然立刻发怒,拿出"家法",好好修理了两个听话的徒弟。在《活着》这部电影中,当葛优饰演的败家子把家产输光,债主找上门,要败家子的老父签字,把房子让出来抵债时,老先生很冷静地看着借据说:"本来嘛!欠债还钱。"然后冷静地签了字,把偌大的产业让给了债主。事情办完,老先生一转身,脸色突然变了,浑身颤抖地追打自己的不肖之子。两部电影里的老人都发了怒,但都是在该发怒的时候动怒,也没有对外人发怒。那种克制与冷静,让人感觉到"巨力万钧"。

这世上有几人,能把发怒的原则、对象和时间,分得如此清楚呢?

据说,在联合国会议上,赫鲁晓夫常常会用皮鞋敲桌子。后来,一位外交人员谈到这件事时说:"有没有脱鞋,我是不知道。只知道做外交虽然可以发怒,但一定是先想好,决定发怒,再发怒。也可以发表愤怒的文告,但是哪一篇文告不是在冷静的情况下写成的呢？所以办外交，正如古人所说'君子有所为，有所不为；君子有所怒，有所不怒'。"这倒使我想起一篇有关20世纪最伟大指挥家托斯卡尼尼的报道。托斯卡尼尼脾气非常大，经常为一点点小毛病而暴跳咆哮，甚至把乐谱丢进垃圾桶。但是，报道中说，有一次他指挥乐团演奏一位意大利作曲家的新作，乐队表现不好。托斯卡尼尼气得暴跳如雷，脸孔涨成猪肝色，举起乐谱要扔出去。只是，手举起又放下了。他知道那是全美国唯一的一份"总谱"，如果毁损，麻烦就大了。托斯卡尼尼居然把乐谱好好地放回谱架，再继续咆哮。请问，托斯卡尼尼真在发怒，还是以"理性的怒"作了表示？

理直也要气和

忍耐，是为人处世的一种策略，甚至是一门必修的艺术课。忍耐，实际上是让时间、让事实来证明自己，这样做可以避免相互之间不必要的争吵、无原则的纠缠、无休止的怨恨。面对误解，面对挑衅，面对无理取闹，学会忍耐，你的人生会因此而多一笔财富。

在你的心田上，培育一棵忍耐的树吧，虽然它的根很苦，花期很长，但是果实一定是甜的。在忍耐的时期，你要努力汲取美德的养料，把根扎得深一些，这样才能保证在各种各样的风雨面前依然挺立，才能让树干一天天成长，才能让你最终得到甜美的果实和幸福的生活。

得饶人处且饶人，为对方留点面子和立足之地，否则不但消灭不了眼前的这个"敌人"，还会让身边的朋友疏远你。所所以忍耐是一种美德,是一种姿态,是一种境界,是一种心智成熟的表现。"小不忍则乱大谋"正是忍耐的至理名言。

某高档餐厅里,正是用餐的高峰时刻。

"小姐!你过来!快过来!"一个穿着考究的男顾客命令似的高喊着。

"有什么需要帮忙的吗?"干练的服务员快步走过来柔声问道。

男顾客怒容满面地指着面前的杯子,说:"看看!你们的牛奶是过期的,把我一杯红茶都糟蹋了!"

"真对不起!"服务员微笑着说,"我马上给您换一杯。"

新的红茶很快就送来了,跟前一杯一样,碟子边上放着新鲜的柠檬和牛奶。服务员小心翼翼地放在顾客面前,看到男顾客拿起柠檬和牛奶准备往茶里面加时,服务员轻声地说:"先生,我是不是能够建议您,如果放柠檬就不要加牛奶,因为有时候柠檬酸会使牛奶结块。"

男顾客的脸一下子红了,没说一句话,匆匆喝完茶走了出去。

旁边的顾客笑问服务员:"明明是他的错,你为什么不直说呢?他那么粗鲁地招呼你,你为什么还柔声细语地和他说?"

"理不直的人,往往用气壮来压人。理直的人,则用气和来交朋友。正因为他粗鲁,所以我才用委婉的方式去处理。道理很容易说明白,用不着大声嚷嚷。"服务员说。

所有的人都笑着竖起了大拇指,大家对这个服务员瞬间增加了许多好感。以后的日子,他们每次见到这位服务员,都能想起她说过的富有哲理的话。事实证明,这位服务员的话有多么正确——他们不止一次地看到,那位曾经不知道柠檬和牛奶不能一起加的客人，和颜悦色地与那位服务员打招呼。

如果你得理不饶人，让对方走投无路，就有可能激起对方"求生"的意志，就有可能不择手段，不计后果。在别人理亏的情况下，放他一条生路，他也会心存感激；就算他不感激，也不太可能与你为敌。

我们习惯了"理直气壮"的洒脱，却忽略了"理直气和"的绝妙。俗话说：有理不在声高。更何况你还不一定有理呢。相反地，对于别人的无知、粗鲁、挑衅，与其以牙还牙，不如以柔克刚。温和、友善永远比愤怒、暴力更有力量。百忍成金，人应该为自己的目标而活着，不可为了他人的无礼而生气。凡事能忍者，不是英雄至少也是大师；凡事不能忍者，纵使有点本事，终归也难成大事！

忍是一种宽广博大的胸怀，忍是一种包容一切的气概，忍是建立良好的人际关系的法宝。忍讲究的是策略，体现的是心态。昔日周成王告诫君臣说："必有忍，其乃有济；有容，德乃大。"忍是一种宽容，是一种理智，是一种提得起放得下的豁达，是一种"宰相肚里撑得船，将军额头跑得马"的大度。

中国历史上，凡是显世扬名、彪炳史册的英雄豪杰、仁人志士，无不能忍。现代社会中，许多事业上非常成功的企业家、金融巨头亦将"忍"字列为修身立本的真言。在这些胸怀大志者的心目中，凌辱和嘲讽对他们几乎构不成任何伤害，反倒会更加激励他们奋斗的勇气。勇气绝不仅仅表现为反抗、竞争或斗狠，真正可以让你笑到最后的勇气，恰恰是常人所说的"太老实""太没胆"的大忍之勇。忍者无敌，做大事业的人在追求成功的漫长道路上，绝不会做因小失大、得不偿失的傻事。

忍耐是智者的大度、强者的涵养，它并不意味着怯懦，也不意味着无能，而是一种蓄势待发的信念。俗话说："忍一时风平浪静，退一步海阔天空。"在人们的交往中不免会有许多意想不到的误会，在这种情况下，不妨克制一下自己的不良情绪，彼此之间多一些沟通谅解。为了达到自己的目的，天大的事都要忍一忍，不要把面子看得太重。骂我也好，打我也罢，只要对事情的进展有利，对自己的进步有益，都没什么关系。一生**谦受益**，万事忍为高。让我们在日常生活中注意培养自己的忍性，品尝忍让之苦换来的甜蜜果实。

争吵无胜者

人生舞台上，演员太多太杂。错综复杂的利害关系，决定了矛盾、摩擦、冲突、争斗在所难免。因此，总有太多当事双方脸红脖子粗地进行各种形式的争辩：互相质疑的，指责的，抱怨的，揭短的，挖苦的，谩骂的……如果你不是上述中的一员，那么恭喜你是个智者；而如果上述情况也在你身上发生过，那么请尽快停止这种无谓的争辩吧！

争辩只有一个目的，就是取得胜利。但是这种所谓的胜利意义有多大呢？心平气和的讨论中参考的是客观事实和真理，而激烈的争辩中所使用的只是个人主观的思想，这样的胜利没有任何价值。所以说，世界上没有一个人能够真正从争辩中取得胜利。

一位女士到某洗染公司里去干洗一件衣服，到了约定时间去取衣服时，发现洗好的衣服上有一个明显的焦痕。这当然是

第九章
轻易不发脾气，做一个快乐聪明的自己

干洗的时候不慎而烫焦的。

这位女士非常生气，因为这一件是她最称心的衣服，所以她决定向该公司索赔。但是那家公司的洗衣单上注明，在洗染时衣服质料受损公司不负责任。双方争吵了近一个小时仍然各执一端，无法达成协议。于是她要求面见经理，和经理当面交涉。

那位女士气愤至极，径直闯进了经理室。经理正在房间办公，而她在进门时除了一脸愤怒外，还怒声说道："经理先生，我的衣服被你的职员弄坏了，我要求贵公司赔偿，这件衣服我可是花了五千多元买来的！"

"对不起，这件事我知道了，但洗衣单上不是已经注明出现这种情况我们不负责任吗？"那位女士顿时哑口无言。不过，那位女士到底是很精明的人，她很快意识到争辩不能解决问题，于是她决定用别的方法试试。

她环视办公室一周，看见墙上挂着一根高尔夫球杆，忽然灵机一动，换了一种柔和的语气对经理说："经理先生，您是不是很喜欢高尔夫球？"

"是的，您也喜欢吗？"那位经理一说到关于高尔夫球的话题，立刻来了兴致，因为他十分钟爱这项运动。

"我也喜欢！"这位太太索性以球杆为话题来引导他，"我近来一直想怎样握球杆才好，经理，您喜欢哪种握杆方法呢？"

"我嘛，对常用的两种握法都不喜欢，不过我现在正在研究一种新的握杆方法，那真是棒极了！"

"是吗？可以教教我吗？可是今天我没有空，我是为我受损的衣服来的，既然您不愿意赔偿，我只好回家了。握球杆的方法就只有等到……"

"没关系,我们可以多谈一会儿的。至于那件衣服嘛,我给您一定的赔偿吧……"经理说着就打电话叫人进来,给那位女士开了一张支票,并对她说,"对于衣服的事我表示抱歉,就到此为止吧!现在还是让我来教您握球杆的方法吧,我可以先示范给您看一遍。喏,就是这样,我坚信您如果按这种方法练,您的球艺一定会飞速长进。"

结果,这位女士不仅获得了赔偿,还从公司经理那里学到了球艺。

倘若那位女士继续她强硬的争辩路线,最终的结果也只能是使得对方的态度强硬,并按洗衣单上的注明,不承担责任。对于那位女士来讲,这显然不是她所希望的结局,好在她能及时认识到争辩除了让事态变得更糟之外,并无任何好处。因此,她放弃了争辩,改为投其所好,最终达到了目的。

本杰明·富兰克林说:"如果你总是争辩、反驳,也许偶尔能获胜,但那是空洞的胜利,因为你永远得不到对方的好感。"可惜的是,真正能领悟和运用这句话的人很少。在名利权位面前,人们忘乎所以,恨不得你吃了我,我吃了你。到头来,这些争得你死我活的"精明人",大都落得个遍体鳞伤、两手空空,有的甚至身败名裂、命赴黄泉。

争辩不可能使你成为赢家,因为争辩的结果若是你败下阵来,当然你就输了;即使是对方举手示弱,其实你还是输了,因为你的胜利是以对方承认自己的错误为代价的。因此,你的胜利会使对方自惭形秽或者无地自容。你伤了他的自尊心,他会怨恨你的胜利。因此,对方不但不会帮助你实现目标,而且很有可能为你实现目标设置障碍。

决心有所成就的人，绝不肯在私人争执上浪费时间。争执的后果不是他所能承担得起的，而后果包括发脾气，失去自制。当你遇到恶犬挡道时，最聪明的方法还是避开它。别跟它为争夺路权而起冲突，如果被它咬伤了，就算你最后杀了它，你的伤口仍将存在。

理智与情感

人的情绪容易受到外界事物的影响，而起伏的情绪常常使人难以专心学习、生活、工作，人际关系也会因此受到很大的影响。选择一种最有效的泄怒方法，并养成习惯，那么当那危险的怒火上升时，就不是简单地压抑，而是用合理的宣泄方式将它消灭于无形之中，达到心理的平衡。

很多日本企业为了保证员工保持良好的工作状态，在公司专门设有"发泄间"，房间里面的墙壁上悬挂有各个部门主管的大幅照片，任何人情绪不好时，都可以单独进去对着想骂的人的照片大声地怒骂，直到认为自己情绪好转为止。这也许正是日本企业员工工作效率高的原因之一。

可有的人不考虑时间、场合而随意宣泄，有的人不顾及对象而肆意宣泄，这不仅伤害了他人也伤害了自己。尽管这些人常常辩解说："我性子直，有口无心。"但这揭示出其人格的不成熟和控制情绪、行为的能力较差等缺陷。时间一长，别人就不愿意与其合作共事了。比如，在各大城市出现的"捏捏族"，为了宣泄情绪去超市将能捏碎的东西悉数捏碎，这种方式就有些过激。因此，人在生活中要学会控制自己，不断调解情绪，选择适当的宣泄方式，或以转移注意力、理性升华等排解方式，**恢复心理平衡**。一般来说，宣泄都应以不伤害自己和他人为度，这样，在你满足自身心理需要的同时，也在自觉地按社会规范行事，体现出高度的社会责任感。

1838年12月，道光皇帝任命林则徐为钦差大臣，前往广东查禁鸦片。林则徐初到广州时，一些腐败官吏明目张胆地进行阻挠，使他的情绪波动很大。但他知道愤怒不但无济于事，还可能给那些人找到攻击自己的借口。于是，他竭力控制自己的情绪，写了"制怒"二字挂在墙上作为警句，告诫自己不要生气。同时，这也是他愤怒时宣泄情绪的渠道。每当怒气爆发时，他就注视墙上的"制怒"条幅，直到怒气消失。

我们应该在适当的时间、适当的场合，以适当的方式排解心中的不良情绪，利用"理智"的闸门来控制，而不能像文学家普希金那样，在得知年轻、漂亮的妻子有了婚外恋之后，愤怒地去与情敌决斗而身亡，给人留下遗憾。

有个超市老板雇了个水电工来维修水管。水电工的运气很差：上午，先是摩托车的轮胎爆裂耽误了一个小时，再就是冲击钻坏了，甚至连摩托车也"闹"起了罢工。收工后，超市老板开车送他回家。到家后，水电工邀请超市老板进去坐坐。在门口，还是一脸冰霜的水电工沉默了一阵子，接着伸出双手开始在门旁的树干上左右抚摸，然后才转身敲门。门一打开，他立刻笑逐颜开，先和两个孩子紧紧拥抱，再给迎上来的妻子一个响亮的吻，这才喜气洋洋地招待这位新朋友。

超市老板离开时，水电工送他出门。超市老板按捺不住好奇心询问："刚才你在门口树上的动作是什么意思？"水电工爽快地回答:"是这样的,那是我的'烦恼树'。我在外面工作,磕磕碰碰总是难免的,但不想把烦恼带进家门,家里头有老婆和孩子嘛!我就把烦恼放在树上,让老天爷暂时保管着,明天出门再带走。奇怪的是,烦恼第二天就会消失了。"

的确,面对生活和工作中的巨大压力,我们难免会有种种消极的、痛苦的情绪。当你感到极端厌倦、压抑时,总是要发泄的。适当地发泄一下内心的积郁,使不快的情绪彻底得到排解,是一种取得心理平衡的好方法。但是,一定不要把自己的情绪发到别人的身上。

选择一种合适的方式,既不伤害他人,又让自己的情绪得到宣泄,或是痛斥一个假想敌,或是用力地去拍球,或是像林则徐那样一直告诫自己,或是像水电工那样把不好的情绪转嫁到另一种事物上,让一切都回到好情绪时的样子,进而才能融洽地与人相处,继续高效地完成自己的工作。

按下情绪的慢放键,让生活不慌不忙

生活需要快节奏,这是现代社会发展不可逆转的潮流。在快节奏的生活方式下,人们需要更加有效地利用时间进行工作和学习。要做到这一点,其实并不难,但是人们总是利用不好自己的时间,提高不了工作和学习的效率,尽管自己已经十分拼命,却依然无法赶上不断前进的生活的脚步。这是为什么呢?现代人究竟应该以怎样的形式来面对生活呢?

我们说,快——势在必行;慢——应运而生。人们之所以很难适应社会生活,根本原因在于人们内心的急躁和慌张使之方寸大乱、事倍功半。因为心乱,所以生活更乱。因此,要适应快生活,就一定要放慢自己的心态,放稳自己的情绪,去"急"取"缓",保持内心的安宁和平静。生活节奏越快,就越应该让自己的情绪稳定,不急不躁,不慌不忙,按下情绪的慢放键,减少冲动情绪的产生,才能让生活变得更美好。

早上八点往往是上班高峰期。邢翼开车上班时,遇上了大堵车,眼看就要迟到了。等了好久,汽车长龙终于开始向前移动了,但前面的司机好像睡着了一样,停在那里没有动静。邢翼开始火了,不停地按喇叭,然而前面的司机就是不动。邢翼内心遂升起一股无名火,打开车门冲上前去,猛敲前面那辆车的车门。结果那个司机也不甘示弱,打开车门,冲了出来。就这样,两人打成了一团,使原本已开始松动的交通再一次陷入严重堵塞。等110赶来时,邢翼已把那个人的胳膊打得骨折。邢翼已构成故意伤人罪,同时因为造成交通的严重中断,他将受到重处和重罚。

生活中有很多类似的情节,大都是因为一点小事而争得你死我活,这是不值得的。我们应该学会抑制自己的冲动,审时度势,不能让情绪放纵地流露出来。否则,一时的冲动,就可能遗患无穷。

尤其是在当前社会中,我们更要认识到"冲动"是魔鬼,人人都需要修炼广阔的胸怀,以平息快节奏生活中的种种急躁情绪。当你与人发生纠纷且事态即将激化时,如果你能忍一忍、退一步,就会避免冲动情绪带来的恶果。但生活中,总有很多人因为鸡毛蒜皮的小事随意发泄自己愤怒的情绪,结果导致了严重的不良后果的产生。

第九章
轻易不发脾气,做一个快乐聪明的自己

邻里纠纷、打架斗殴往往都是因为一些小事,有的甚至是因为一句气话,当事人抑制不住冲动,大打"出手",导致了悲剧。由于现今生活节奏加快,社会压力加大,加之某些人存有性格缺陷,对触犯自己的细小情况难以容忍,有时就会导致攻击性违法犯罪行为的发生。

培根说:"冲动,就像地雷,碰到任何东西都一同毁灭。"大凡成功的人,都是能收放自如地控制自我情绪的人。在这里,情绪不再是一种简单的感情表达,而成为了一种更为重要的生存智慧。如果不能很好地控制自己的冲动情绪,任由冲动的洪水泛滥,就有可能给自己带来毁灭性的灾难。如果能很好地控制自己的情绪,则能逢凶化吉,化险为夷。因此,生活中我们一定要谨记"冲动是魔鬼"的忠告,不要让冲动的情绪破坏了我们的生活。

冷静和理智是美丽的智慧珍宝,它是忍耐与自我控制。一个冷静、理智的人,不会在任何事情面前大惊小怪、感情用事,而是在任何情况下都会像汹涌波涛中的礁石般纹丝不动。让情绪稳定,在任何情况下都保持冷静和理智,不要轻易就让自己变得冲动,如此就会拥有安然自若、温馨和谐的幸福人生。

抑制冲动最好的办法就是保持理智,只有用理智来衡量并支配自己的情绪和行为,才能够让自己的生活多一份轻松和快乐。所以说,在做事情之前,一定要清楚自己的目标,考虑自己的做事方法是否可行,还要考虑到最可能出现的不良后果。如此,冲动的情绪就会得以缓解和消失。

当你意识到自己即将为冲动的情绪牵制时,此时一定要立即转移自己的注意力,例如迅速离开情景场地,让自己与可能

导致冲动情绪的事件失去联系。如果实在难以平静自己的内心，则可以通过呐喊、做剧烈运动等途径释放内心的冲动情绪。

第十章

不论顺境逆境，都是对我们最好的安排

第十章
不论顺境逆境,都是对我们最好的安排

过去痛苦的磨砺,成就今天的锋芒

生活告诉我们:只有那些在一切事情与他相背时仍然保持微笑的人,才是胜利的青睐者。因为这种姿态,普通人是做不到的。

有诗曰:"宝剑锋从磨砺出,梅花香自苦寒来。"的确,没有过去痛苦的磨砺,就不会有今天的锋芒。

生活中,我们每一个人都会遇到坎坷与曲折,可是每个人都不希望遇到它们,因为铺满鲜花的平坦大路是那样美好,所以一遇到艰难险阻,很多人就会抱怨命运的不公,认为自己是不幸的。

北欧一座教堂里,有一尊耶稣被钉在十字架上的塑像,大小和一般人差不多。因为有求必应,因此专程前来这里祈祷、膜拜的人特别多,几乎可以用门庭若市来形容。

教堂里有位看门的人,看十字架上的耶稣每天要应付这么多人的要求,觉得于心不忍,他希望能分担耶稣的辛苦。有一天他祈祷时,向耶稣表明这份心愿。意外地,他听到一个声音,说:"好啊!我下来为你看门,你上来钉在十字架上。但是,不论你看到什么、听到什么,都不可以说一句话。"

于是耶稣下来,看门人走上去,像耶稣一样十字架般地伸张双臂。看门人也依照先前的约定,静默不语,聆听信友的心声。

来往的人络绎不绝,他们的祈求,有合理的,有不合理的,千奇百怪,不一而足。但无论如何,他都强忍下来没有说话,因为他必须信守先前的承诺。

有一天来了一位富商,当富商祈祷完后,离去的时候竟然忘记拿走手边的钱袋。他看在眼里,真想叫这位富商回来,但是,他憋着没有说。接着来了一位三餐不继的穷人,他祈祷耶稣能帮助他度过生活的难关。当他要离去时,发现了先前那位富商留下的袋子,他打开袋子发现里面全是钱。穷人高兴得不得了,一个劲地感谢耶稣,然后千恩万谢地离去。十字架上的看门人看在眼里,想告诉他,钱袋不是他的。但是,约定在先,他仍然什么也没有说。接下来有一位要出海远行的年轻人来到他的面前,他是来祈求耶稣降福给他平安的。正当他要离去时,富商冲进来,抓住年轻人的衣襟,要年轻人还钱,年轻人不明就里,两人吵了起来。

这个时候,十字架上看门人终于忍不住,遂开口说话把事实讲了出来,富商跑出去去追那个拿了他的钱袋的穷人,而年轻人则匆匆离去,生怕搭不上船。

这时耶稣出现了,指着十字架上的看门人说:"你下来吧!那个位置你没有资格了。"

看门人说:"我把真相说出来,主持公道,难道不对吗?"

耶稣说:"你懂得什么?那位富商并不缺钱,他那袋钱不过用来嫖妓,可是对那穷人,却可以周济一家大小生计;最可怜的是那位年轻人,如果富商一直缠下去,延误了他出海的时间,他还能保住一条命,而现在,他所搭乘的船正沉入海中。"

这是一个听起来像笑话的寓言故事,却透露给我们:在现

第十章
不论顺境逆境，都是对我们最好的安排

实生活中，没有最好也没有最坏。不论顺境、逆境，都是对我们最好的安排。

不经历风雨，就见不着彩虹。人世间，从来就没有人能随随便便获得成功。一个胸怀大志之人，没有千百次挫折、失败的经历和磨炼，除不尽心中的浮躁气和世俗气，以及与生俱来的虚荣心和惰性，成就大事业是绝无可能的。

古人云："夫大将者，每逢大事有静气。"这种静气，就是在无数次血与火的斗争中修炼出的一种品格和意志，临危而不惧，泰山崩于前而色不变。

人生如逆水行舟，不进则退。逆境对任何人来说都是不可避免的，只有学会正确认识和对待逆境，才会不被逆境打垮，才能在逆境中求得生存与发展。逆境，可以锻炼人的意志，使人变得无比坚强。拼搏时留下的那累累创伤，是峥嵘岁月的一种馈赠。那每一道伤口，都是一次演练、一次登高、一个顿悟。有磨难才会有痛苦，才会使人思索。一个人只有痛苦地思索，才会顿悟人生的真谛，才会明智练达。而只有明智的人，人生才会不同凡响。

逆境，更能激励人们走向成功。处于逆境的人们，为了摆脱困难，创出一番事业，必然会在逆境中悟出人生哲理，并为之奋斗、为之拼搏，从而走上成功之路。伟大与渺小，卓绝与平庸，深刻与浮浅，常常在这样的时候变得泾渭分明。

感谢逆境，因为它教会了我们生活。只有在逆境中历练出刚毅的品格和心志，你才能正确地面对成功和失败，你就不会为小胜而狂喜，也不会因小败而沉沦。

快乐未必长久，悲伤皆有尽头

当你快乐时你要想这快乐不是永恒的，当你痛苦时你要想这痛苦也不是永恒的。世上没有永远的赢家，也没有永远的幸福。没有永远的快乐，也没有永远的痛苦。在快乐中我们要感谢生活，在痛苦中我们也要感谢生活，因为生活原本是美丽的！要学会怎样去拥有一份快乐，这是生活中很重要的事。

人类常常徘徊在痛苦和快乐的边缘，小心地迈着自己的脚步。原以为它们中间有着遥远的距离，未曾想到二者却相依为邻。于是，拥有快乐、远离痛苦成了我们一生的愿望。

然而，好花不常开，好景不常在；花无百日红，人无千日好。我们追求的快乐是那么的短暂，痛苦又不请自来。快乐不是永恒，痛苦只是过程！世间没有永远的快乐，就像这世间没有永远的白天一样。世间也没有永远的痛苦，好似这世间没有永远的黑夜一样。

上天不会给我们快乐，也不会给我们痛苦，它只会给我们生活的佐料，调出什么味道的人生，那只能在我们自己。你可以选择一个快乐的角度去看待它，也可以选择一个痛苦的角度看待它，如同做饭一样，你可以做成咸的，也可以做成甜的。所以，你的生活是笑声不断，还是愁容满面；是披荆斩棘、勇往直前，还是畏首畏尾、停滞不前，不在他人，都在你自己。

对于同一轮明月，在柳永那里就是"杨柳岸，晓风残月，此去经年，应是良辰好景虚设"，而到了潇洒飘逸、意气风发的苏轼那里，便又成为"但愿人长久，千里共婵娟"。同是一轮明月，在持不同心态的不同人眼里，便是不同的，人生也是如此。

第十章
不论顺境逆境,都是对我们最好的安排

国王有七个女儿,这七位美丽的公主是国王的骄傲。她们那一头乌黑亮丽的长发远近皆知,所以国王送给她们每人一百个漂亮的发夹。

有一天早上,大公主醒来,一如往常地用发夹整理她的秀发,却发现少了一个发夹,于是她偷偷地到二公主的房里,拿走了一个发夹。二公主发现少了一个发夹,便偷偷地到三公主的房里拿走了一个发夹;三公主发现少了一个发夹,也偷偷地去四公主的房里拿走了一个发夹;四公主如法炮制拿走了五公主的;五公主一样拿走六公主的;六公主只好拿走七公主的。于是,七公主的发夹只剩下了九十九。

隔天,邻国英俊的王子忽然来到皇宫,他对国王说:"昨天我养的百灵鸟叼回了一个发夹,我想这一定是属于公主们的,而这也真是一种奇妙的缘分,不晓得是哪位公主掉了发夹?"

公主们听到了这件事,都在心里说:"是我掉的,是我掉的。"可是头上明明完整地别着一百个发夹,所以都懊恼得很,却说不出。只有七公主走出来说:"我掉了一个发夹。"话才说完,一头漂亮的长发因为少了一个发夹,全部披散下来,王子不由得看呆了。

快乐不长久,悲伤有尽头。得意时不可贪恋,失意时不可气馁。谁能说得到就一定是福,失去就一定是祸?乐极生悲、因祸得福的事是常常发生的。

因为喜欢而拥有,就拥有了快乐。因为喜欢而失去,就失去了快乐。在你拥有快乐的同时,你也就拥有了怕失去快乐的恐惧,而在你失去的同时,你也就没有了这份恐惧。

境由心生。顺和逆在心中都可以是短暂的,永久的只有自

己的好心境。

唯其超脱，我们方可成为幸福的真正主人！

平淡的日子，可以有不乏味的感觉。我们时常抱怨每天的生活平淡乏味，其实，这不过是发现了一个真理——生活原本就是平淡无奇的。人之所以有不同的生活，当然是由于诸种因素的影响有所不同，但从根本上说是由于具有不同的心态。

我们平淡无奇的生活，曲折是有的，高潮是有的，但更多还是平淡无奇，甚至是艰难困苦、需要拼搏的生活。这就要靠一颗从容稳定而又积极热情的心去体验，往往同一个原因既能使人忧郁，也能使人快乐。事实的确如此，对于同一件事情，乐观的人从中看到的是希望，悲观的人则从中看到的是不幸。

成长路上多磨难

人是哭着来到这个世界的，这似乎就预示着今后的生活将遭受各种苦难和折磨，也就有了"人生不如意十之八九"这一说法。而在这种环境成长，若想成功，必定要战胜种种的挫折与创伤。如果一味地追求顺境，就会失去战胜困难的勇气和力量。生长在温室里的花朵是无法抵挡外面的风风雨雨的。

在成长过程中所经历的每一种创伤，都会成为一种成长经验，从中让我们学会宽容、学会吃苦、学会观察与思考，学会走向人生的成熟。我们都知道，经过千锤百炼成长起来的人更具有生存力和更强的竞争力，因为经受过创伤，在逆境中奋斗的人既有失败的教训，又有成功的经验，更趋于成熟。

成熟不是以年龄而论的，也许你到了八十岁，甚至迈向人

第十章
不论顺境逆境，都是对我们最好的安排

生的终点时也没成熟，它与一个人的心智与经历有很大关系。人们感觉年龄大就是成熟，这只是表象，因为岁月所做的，主要是在你的面庞上刻出它的痕迹，这些年轮并不是成熟的充分条件。

人的一生并不是一帆风顺的，总要有经历、有阅历，而你所经历过的创伤就是你走向成熟的催化剂。

在古印度的时候，常常发生干旱或是水灾，因此，老百姓们常常颗粒无收，过着饥肠辘辘的日子。有一位婆罗门，他每天清晨都到神庙里去祈求大梵天为人间免去灾难，让人们能过上吃饱穿暖的日子。

也许是因为他虔诚的缘故感动了大梵天，终于在一天清晨，大梵天来到了他的面前。他激动地叩拜在大梵天的脚下，并对大梵天说："尊敬的大梵天啊，您常常让土地干旱或洪水成灾，导致农民失去收成，现在大家都过着饥饿的日子，您怎么能忍心呢？还是让我来教您点东西吧。"

大梵天听完婆罗门的话之后，并没有生气，反而趁着婆罗门磕头的时候，偷偷地笑了一下，就对婆罗门说："那就请你教我吧。"

"请您给我一年的时间吧，在这一年里，按照我所说的去做，我会让您看见，世界上再也不会有贫穷和饥饿的事情发生了。"婆罗门说。

就这样，大梵天给了婆罗门一年的时间，并在这一年里，满足了婆罗门所有的要求。当婆罗门觉得该出太阳了，就会阳光普照；要是觉得该下点雨了，就会有雨滴落下来，想让雨停，雨就马上停止，环境真是太好了，小麦的长势特别喜人。

转眼，一年的时间过去了，婆罗门看到麦子长得那么好，就又向大梵天祷告说："大梵天你瞧，要是再这么过十年，就会有足够的粮食来养活所有的人，人们就算不干活也不会饿死了。"大梵天没有回话，只是在空中对着婆罗门微笑着。

终于到了收割的时候，人们兴高采烈地来到麦田里。可是令婆罗门惊讶的是，当大家割下麦子时，却发现麦穗里什么都没有，里边空荡荡的。婆罗门惊慌极了，于是，他又跑到神庙里去向大梵天祷告说："大梵天呀，这究竟是怎么一回事呀？"

这时，大梵天对婆罗门说："那是因为小麦都过得太舒服了，没有受到任何打击的缘故。这一年里，它们没经过风吹雨打，也没受到过烈日煎熬。你帮它们避免了一切可能伤害它们的事情。没错，它们长得又高又好，但是你也看见了，麦穗里什么都结不出来，我的孩子……"

听了大梵天的话，婆罗门无言以对。

万事顺意是不利于成长的，一个心智不成熟的人就像没有结子的麦穗，不管他是活到了八十岁还是活到了一百岁，都是空长一生。一个人要想在有生之年有所收获，就要经受必要的锤炼。过太舒服的生活会消磨你的意志，让你停滞不前。

俗话说："自古英雄多磨难。"翻开历史画卷，许多著名人物都是在创伤和挫折中成长起来的。他们的成功都有一个共同的公式，即挫折——奋起——成功。从这个公式可以看出，这正是他们善于吃一堑长一智的结果。

人生所面临的创伤，其实不是坏事，每受伤一次，就使自己成熟一些，没有一个小孩学走路不摔跤，这应该是一个必然规律。创伤并不是失败的标志，而是成熟的催化剂，是朝着成功进步的开始。

直面人生的惨淡

人类对现实的逃避是一种心理现象。这是一种不能正视现实、盲目乐观的心理，其后果是导致了很多人不能及时把握锻炼的机会，影响了身心成熟与发展的速度。如同鸵鸟一样，遇到天敌时本能地将头埋进沙子里，其命运不言而喻。

现实生活中许多人在困难、挫折、难题、环境改变及面对不顺心的事情时，都会像鸵鸟那样，将头埋到沙子里，以此逃避问题，结果一切的困难、挫折、问题、环境和不如意都未因逃避而有任何削弱和改变，甚至会变得更糟糕，更难以解决和逾越。

如果我们以鸵鸟为例，我们就可以知道逃避与面对的结果会有多么大的不同。鸵鸟的奔跑速度可达70～80千米每小时（逃命时可以更快），狮子的时速则可达80千米，但是鸵鸟能以这个速度持续奔跑半小时，而狮子却只能维持几分钟。而且鸵鸟的爪子强壮、坚硬且锋利，必要时完全可以杀死狮子。可鸵鸟却将这些优点抛在脑后，选择了逃避，也就最终选择了死亡。艾菲尔·瑞德是位即将退休的老船长。退休前，他为所有的船员做了最后一次报告，将他一生航海历程中的种种奇遇，都毫无保留地告诉了新的船员。其中最引人入胜的，是老船长与狂风暴雨搏斗的惊险遭遇。

当讲到海面上常常不可预测的天气时，有一个人问老船长："如果你的船行驶在海面上，通过气象报告，预知前方的海面上有一个巨大的风暴圈,正迎向你的船而来,请问,以你的经验,你将如何处置呢?"

老船长微笑地望着发问的人,反问道:"如果是你,你又会如何处置呢?"

前者偏着头想了想,回答道:"返航,将船头调转180度,远离暴风圈。

这样应该是最安全的方法吧?"

老船长摇了摇头道:"不行,若你调头回去,暴风圈还是迎向你的船。

这么做反而将你的船和暴风圈接触的时间延长了许多,这是非常危险的。"

另外一个人接着道:"那,如果将船头向左或向右转90度,试着脱离暴风圈的威胁呢?"老船长仍是摇摇头,微笑道:"还是不行,如果这样做,将会使船身整个侧面暴露在风暴的肆虐之下,增加与暴风圈接触的面积,结果是更加危险。"

众人不解,问道:"如果这些方法都不行,那究竟应该怎么做呢?"

老船长道:"只有一个方法,那就是抓稳你的舵轮,让你的船头不偏不倚地迎向暴风圈。唯有这样做,才可以将与暴风圈接触的面积化为最小,同时因为你的船与暴风圈彼此的相对速度组合在一起,还减少了与暴风圈接触的时间。你将会发现,很快地,你已经安然冲过暴风圈,迎接另一片充满阳光的蔚蓝晴空。"

航海如此,人生亦如此。古今一理,中外一理。只有直面人生的惨淡,才能享受成功的美好。

第十章
不论顺境逆境，都是对我们最好的安排

泰戈尔说得好："我们错看了世界，却反过来说世界欺骗了我们。"人生的道路不是一帆风顺的，顺境逆境皆为自然，这是再正常不过的了。可在现实与虚幻之间，有人选择前者，有人选择后者。选择前者，直面人生的泪水与欢笑，而选择后者，则是逃避生活的曲曲折折。

思想家卢梭曾经说过："人要是惧怕痛苦，惧怕折磨，惧怕不测的事情，那么他的人生就只剩下逃避二字。"逃避生活的人，或许会暂时地远离痛苦，远离伤害，可同时他们也失去了获得真实生活的机会。没有勇气直面现实的人，可能获得暂时的安稳，但永远不会了解生活真正的精彩。

遇到困难或挫折时，先不要试着去逃避，如果能勇敢地去面对，也许会发现事情原本很容易解决。逃避虽然可以使你暂时摆脱责任和压力，但终究不是解决问题之道，你必须学会承担、担当并以此获取他人的信任。

只要你能从心底认识到逃避不是解决问题的根本，就会自觉地试着面对问题。没有人愿意做把头埋进沙子里的鸵鸟，与其逃避现实、不敢面对问题，还不如奋力一搏。

把挫折当成"垫脚石"

孟子曾经说过："故天将降大任于斯人也，必先苦其心志，劳其筋骨，饿其体肤，空乏其身，行弗乱其所为，所以动心忍性，增益其所不能。"任何一个人，他的人生都不会是一帆风顺的，尤其是在追求成功的道路上，失败是一件很正常的事情。

不同的是，在种种失败和挫折面前，失败者选择的是一蹶

不振，整日处于挫败的心理状态之下；而成功者则会选择重新再来，他们把消极、悲观、失望都抛在一边，选择从哪里跌倒就从哪里站起，以更加自信乐观的状态投入到新的挑战之中。在经过数次的失败之后，他们终会走到成功的彼岸。如果我们能以积极的心态，乐观的情绪面对眼前的失败，努力抓住身边能够改变自身命运的条件，善加利用，改变就在不远处。

生活中，我们遇到的形形色色的失败就是生活给我们的"泥沙"。其实，换一种方式去思考，这些泥沙也许就是我们走向成功的基石，只要我们锲而不舍地将它们垒起，然后站到上面，即使再多的困难、再深的井，我们也不必害怕，因为我们能够成功摆脱困境。

"跌倒了再爬起来"，这是通向成功的真理。就像一个刚刚学会溜冰的孩子所说："跌倒了再爬起来，爬起来再跌倒，跌倒再爬起来。这样便会了。"追求成功也一样，每一次的小失败并不意味着真正的失败，失败了再也站不起来，才是真正的失败。

一个拳击运动员如是说："当你的左眼被打伤时，右眼还得睁得大大的，才能够看清敌人，也才能够有机会还手。如果右眼同时闭上，那么不但右眼要挨拳，恐怕连命也难保！"拳击就是这样，即使面对对手无比强劲的攻击，你还是得睁大眼睛面对受伤的感觉，否则会败得更惨。同样，在失败面前自怨自艾，最后还会是一败涂地。但若认为失败只不过是要重新再来，则离成功就更近一步。

人的一生当中，挫折和失败在所难免，当你遇到它们时，要勇往直前。

第十章
不论顺境逆境，都是对我们最好的安排

你的既定目标不变，努力的程度加倍，保持一种恬淡平和的心境，再接再厉，锲而不舍，一定能够到达成功的彼岸。

没有人喜欢挫折，可是挫折总是不期而至。

许多人遭遇挫折时一味地抱怨、苦恼，长期沉溺其中不能自拔，终日被泪水和无奈的情绪包围着。而智者的做法是：把挫折、苦难、不幸看作是人生不可或缺的一部分，遇到挫折时，对自己说："别担心，一切都会过去的。"

有的时候我们应当为遇到挫折而庆幸，庆幸自己终于有时间思考了，终于有时间好好审视自己走过的路了。挫折是用它的方式告诉我们，这条通往成功的路上还有我们迈不过去的坎儿，是因为我们某方面的能力还有所欠缺。它是我们的一面镜子，照出我们的缺陷。面对挫折，通过学习与改正，积累自己的经验，伺机待发，生命的下一个辉煌定会光顾你。

挫折让我们停下来思考和等待。正是挫折坚定我们的毅力，培养我们的耐力，而总是成功则不能赋予我们这些品质。

中国有句古话："胜不骄，败不馁。"遇到绿灯不必兴奋，遇到红灯也不必焦虑，现在是绿灯也许下一秒就成了红灯，现在是红灯也许过一会儿就是绿灯，这些都是我们人生路上必经的风景。

精彩的人生在挫折中造就。挫折才是人生的本色，是人类成长不可或缺的色彩。如果你拥有面对现实的勇气、乐观的心态及坚定的信念，那么你就有可能将挫折变成机会，任何看似挫折的"绊脚石"都有可能变成我们生命的"垫脚石"。

挫折是成长的炼金石，你想要长大必须经历挫折。许多挫折往往是好的开始，它只是用不幸来提示你，让你暂时地心灰

意冷,却给你一个静心思考的机会。这个时候,你如果能抓住冥冥中命运之神给你的这个暗示,你前面的路就会豁然开朗。

遇到挫折,很多时候不是我们没有能力应对和克服,而是我们对自己失去了希望,选择了放弃;其实只要再坚持一下,可能就成功了,只是因为自己的消极思想使我们在生活的考验面前一败涂地。因此,不论什么时候,都要对未来充满希望,因为人生中没有过不去的坎。

使你痛苦的,必使你强大

鲜花选择怒放,于是它必将经历一次次凋谢的苦创;大雁选择飞翔,于是它必将承受无数次练飞的痛伤;若是你选择无悔的人生,那么,苦痛将伴你一路同行。

真正有志的人,总能在逆境中发挥自己的才能,锤炼自己的意志品质,在逆境中抓住机会,从此改写自己的命运。谁都知道,人生不可能无痛苦和挫折,当你视它们为敌人时,它们便愈加强人,因为绝望的挣扎与绝望的沉沦都是无济于事的,可大多数人在遭遇挫折的时候往往是一蹶不振,更有甚者甚至轻生。倘若我们能坦然地面对痛苦,那么无论面临多么恶劣的境遇,我们都能处变不惊。

很久以前,有一个小泥人国。这个国家里的泥人们整天都在抱怨,为什么女娲没有把它们变成人,让它们也能看看世间的繁华,体味爱恨纠缠,哪怕一天也好。一天,它们的抱怨声传到了天庭,神仙们便七嘴八舌地讨论了起来,最后决定:如果哪个泥人能够走过他指定的那条河,那么就赐予这个泥人一个鲜活的生命。泥人们虽然都很渴望能够获得渴望已久的生命，然而它们都知道这样做的代价是什么，所以好久都没有人回答。

这时，一个小泥人站了出来："我想要过河。"

"你是泥人，你过不了河的，孩子。"一个很老的泥人说。

"走不到河心，你就会淹死的。"一个上了一点年纪的泥人警告它。

"你难道就不害怕你的身体会一点点地消逝吗？"善良的泥人大婶说。

"你会成为鱼虾的美味，连一点都不会剩下。"同伴的声音已经发出了颤抖。

但是小泥人决定了，对它来说，这些都比不上能拥有一个完整、鲜活的生命重要，即使它知道自己将要面临的是无边的痛苦。

它来到了河边，湍急的河水在贪婪地看着它。但它还是把自己的双脚踏入了河水，它感觉到了自己的脚在迅速地融化，正在一分一秒地离开它的身体。

"回去吧，现在还来得及，你失去的只是双脚。"河水狞笑着。

小泥人无言，它不后悔自己的选择，它沉默着继续前进。因为它知道，要快，否则它将消逝得一无所有。这条河可真宽阔啊，小泥人孤独而倔强地走着。它抬头看了看对岸，那里绿草如茵，鲜花盛开，小鸟在轻盈地飞翔，处处是美景，是真正的天堂，也许，天使们正在那里喝茶呢。

没有人知道还有一个小泥人在河水里艰难地跋涉，但是这能怪谁呢？上帝给了你做小泥人的机会，是你自己不甘于平稳的生活，要寻找一颗金子般的心的呀，这是你自己所选择的道路。

小泥人流泪了，却发现泪水中掉了它的一块皮肤，它知道，这个时候哭泣只能加速它的融化，于是，它把眼泪逼回到了眼睛里，继续前行。

在水里，鱼虾们正在享受着它们的盛宴，松软的泥沙加重了小泥人行走的难度，汹涌的波浪几乎要把它打翻。小泥人从没有感到如此劳累，它心想，哪怕是躺下歇一小会儿也是好的。可是一个声音在告诉它，如果你现在躺下了，就永远都起不来了，这是你想要的结果吗？另一个声音在他的耳边响起，后悔了吗？不，小泥人知道，自己此时就连痛苦的权利都没有了，它只能选择前进、前进、再前进，它没有后悔，即使是它的身体在渐渐地消融。

它继续忍受着，不知道过了多久，小泥人觉得自己快死了，因为它感觉自己已经完全没有了。那么，我又怎么还有意识呢？它低头看看脚下，原来，它已经上岸了，更让它惊奇的是，它的泥身体已经全部消失了，取而代之的是一个鲜活的生命……

小泥人超越了足以使它灭亡的河水，苦痛自不必说。如凤凰涅槃，羽化成蝶一般，只有经历了锥心的苦痛，然后才会有震撼人心的美丽。要知道，没有人的成功是偶然的，支撑成功的是无数的失败和痛苦，而外人看到的往往只是光鲜的外表和荣耀。只有他自己知道，在他通往成功的路上，有着数不清被荆棘扎破的血迹斑斑。

当你有幸经历贫穷，当你有幸经历低潮，当你有幸经历意外，不要把这些当作是命运的失宠。如果一味埋怨、一味堕落，你就永远不会翻身。人生无常，不如意事十有八九，我们可能时时面对困难，只有经历痛苦，我们才能获得阅历，才能从中取得财富。

人是在痛苦中成长的,每一次痛苦都是一块绊脚石,把这些"石头"拼起来,就成了通向成功的彩虹桥。任何一个人想成就一番事业,就须迎击生活中的风雨,因为只有经过风雨的洗礼,才能品味到人生的喜怒哀乐,才能在挫折中坚强,在失意中奋起,在痛苦和磨难中走向新的目标。

人的一生要经历很多的挫折和磨难,会遇到很多的痛苦,如果超越痛苦,就意味着你得到了一次重生,所以当遇到挫折和不开心的事情的时候,不要去抱怨,不要去郁闷,时间在等你去蜕变。很多人在他们成长的瓶颈期,都没有蜕变,结果只能是走向消亡。所以,要学会蜕变自己,以使自己获得新的发展,获得重生。暂时的痛苦会带来长远的发展,使我痛苦者,必使我强大!

世界如此美好,何必自寻烦恼

俗话说:"世上本无事,庸人自扰之。"确实,生活中有许多烦恼完全是自找的。有一次在火车上,偶然听到一段愚蠢的对话。这段谈话长达一个小时,而焦点一直集中在这两个人的明天以及接下来的一周将会有多累。这两个人像是在彼此说服对方,或是说服自己,强调他们在工作中将会花多少时间、多少力气,他们会睡不了几小时,最重要的是他们会疲倦得不得了。他们两个都说了些类似的话,如"老天!明天我会累死的!"或"我不知道下星期要怎么过!"及"今天晚上我只能睡三小时了!"他们谈到晚上加班、缺乏睡眠、不舒服的旅馆床铺、大清早的会议等。他们已经觉得精疲力竭了。而我相信事情也就会照他们所预期的那样发生。我不敢确定他们是在吹牛还是在抱怨,但有一点是可以肯定的:只要这样的对话继续下去,他们就会变得越来越疲倦。

他们的声调很沉重,似乎即将缺乏睡眠的问题已经影响到他们了,就连我只是听了一阵子他们的对话,也觉得疲倦得不得了。

这就说明,一个人不论用什么方法想象自己的疲劳,都只会产生加重疲劳的后果。一个人预想自己的疲倦,就向大脑发出了一个信号,提醒大脑发出疲倦的反应。这就是说,你的疲劳正是对你自己胡乱想象的一种报应,你的烦恼是自找的。一个人把烦恼寄给流逝的时光,收到的是天天烦恼;把烦恼转嫁给别人,到头来仍然是自寻烦恼;把烦恼流放到云天沃野,最终你会感到人生处处充满烦恼。

有两个穷人一道赶路,边走边聊。其中一个人说:"老兄,咱俩这么穷,要是能拾到一笔钱该多好啊。喂,你说,要真拾到钱,咱俩该怎么办?"

另一个人说:"怎么办,那还用说,见面分一半吧,咱俩一人一半。"

"不对,"第一个人说,"钱这东西,谁拾到就是谁的,凭什么我要分你一半呢?"

"嘿,咱俩一块出门赶路,拾到钱,你还要独吞不成?真是个守财奴,不够朋友。不够朋友的人其实就是衣冠禽兽。"另外一个越说越激动。"你说什么?衣冠禽兽?你再说一遍。""说就说,我怕你呀,衣冠禽兽。"

第十章
不论顺境逆境，都是对我们最好的安排

话音未落，两人就扭打在了一块，你一拳我一脚，不可开交。这时从对面走过来一个人，见状上前拉架。二人竟不肯住手，口中也还在叫骂。劝架的好不容易弄明原因，不禁哈哈大笑，说："我还真当拾到钱了呢，还没拾到就打得鼻青脸肿呀！"

两人这才回过神来，打了半天，其实没拾到钱，耽误了赶路不说，还把衣服弄脏弄破了，而且搞得鼻青脸肿，真是何苦！

这正是自寻烦恼者的典型表现。不过，有时候尽管你不愿意寻找烦恼，烦恼也会找上门来。正所谓："人在家中坐，祸从天上来。"烦恼这杯苦酒，是人生中难以避免的。望着远处的群山渐渐变得渺茫，黄昏悄悄爬上山头；往昔含情娇羞的目光，如今已是满眼挂着寒霜；抚摸征程中被荆棘刺破留在心中那隐隐作痛的感伤……你忽然觉得，烦闷会从天而降，苦恼也在心中激起巨浪。

这时，不必怕，轻轻闭上双眼。不要害怕烦恼会让你经受痛苦，不要担心烦恼会让你无法摆脱。烦恼要来，逃避它只会更加烦恼。要勇敢地接受烦恼，任烦闷的思绪充斥你的心海，让苦恼的血液在你的心中回荡。人要健康，身体需要锻炼；人想坚强，心灵更须磨炼。生活中没有烦恼，人生难免长满幻梦的野草。生活不全是鲜花铺就的成功之路，人生除了岛屿，还有暗礁。烦恼让你付出很多，同样也会让你收获不少。如果是烦恼让你觉得，平平安安并非比坎坎坷坷更加美好；如果是烦恼使你最终明白，人生注定要充满烦恼，那么，就高高兴兴地经历烦恼吧！但请记住，不要重复同样的烦恼。

再不然，当陷入某种烦恼时，不妨去爬爬山，去打打羽毛球，去游泳，去听音乐，去野炊，去人多热闹的地方；或者邀几个

朋友，到田野，到河边，到湖畔，到一望无际的大草原。这样，不久你的心情就会豁然开朗起来，就变得轻松愉快起来。

尤其是大自然，它是人类最好的老师，也是人类精神的家园和心灵的驿站。大自然的风光有益于心理健康。俗话说："好山好水好心情。"漫步在碧波荡漾的湖畔，会感到心情恬静；面对波涛翻滚的大海，会想到迎击风浪；登山越岭，会想到奋发向上。大自然是人类永恒的良师益友："观朱霞，悟其明丽；观白云，悟其舒卷；观山岳，悟其灵奇；观河海，悟其浩瀚；则俯仰间皆文章也。对绿竹，得其虚心；对黄花，得其晚节；对松柏，得其本性；对芝兰，得其幽芳；则游览处皆师友也。"大自然以其神奇的魔力告诉你：个人是多么渺小，你眼下的一点烦恼又是多么不值一提！

大自然风光多种多样，享受它的最好方法是旅游。在大自然美景的熏陶下，忧愁烦恼能得以消除，情绪能得到改善，心理健康水平能得到提高。因此，从某种意义上来说，旅游是缓和心理紧张、增强心理健康的一种有效的心理卫生方法。一些国家把自然风光优美的地区，建成"森林疗法"园地，吸引城里人去游玩，以促进身心健康。

假如没有机会出去游山玩水，那也无妨，可利用休息时间，到栽种有花卉的庭院或草坪休息片刻，或去附近优美的绿化地带、幽静的公园散散心。这样，你会心旷神怡，精神振作，疲劳顿消。因为绿色世界不但对人体的生理功能起着良好的作用，对人的心理活动也有着积极的影响。有人指出，当绿色在人的视野约占25%时，人的情绪最为舒适。

此外，也可以在室内陈设盆景，把大自然的优美风光，缩于一盆之中,从咫尺盆内领略自然山林之趣、名山大川之胜,可谓意境深幽,耐人寻味,同样能调剂精神,增进心理健康。

第十一章
路有多难,就有多勇敢

平和心态驾驭生命

生活中,随时随地都可能会发生一些不尽如人意的事情,比如灾难和不幸。而这些事情一旦发生,又往往是我们所不能改变的。面对这些,你会选择怎么办?是在环境面前自怨自艾、萎靡不振,还是会选择从另外一个角度看问题,让自己受伤的心灵稍稍得以解脱,努力发现生活中积极和光明的一面?

有位老太太,她的两个女儿长大后一个嫁给卖伞的,一个嫁给卖鞋的。

从此,她整天坐在路口哭,被人称为"哭婆婆"。

一天,一位禅师路过,问其缘由。老太太告诉禅师说:"每当天晴的时候,就想起了卖伞女儿的伞会卖不出去,会因此伤心而哭;每当天下雨的时候,又想起卖鞋女儿的鞋一定不好卖。两个闺女都是我的心头肉,所以我都会伤心流泪。"

禅师听了她的话之后,开导她说:"老婆婆,我觉得你应该天天高兴才是啊!你想一下,下雨的时候,卖伞女儿的生意好,你该高兴吧;天晴的时候,卖鞋女儿的生意好,所以你也应该高兴啊!"

听了禅师的一番话,老太太顿悟。从此,街头便有了一个总是乐呵呵的"笑婆婆"。

对于同一件事,由于人的心态不同,思维方式不一样,看问题的角度也就不一样，事情的结局也就会不一样。其实，一件事情的好与坏，关键在于人们自身是如何认识的，在于人们思维的方式和看问题的角度，以及心态。

生活中，牢骚者也好，抱怨者也罢，都是因为他们抱有的心态不正确，看问题的角度不对，如果能够以积极的心态，换个角度乐观地看问题，相信人的心情会一下子好起来。事物在一个人心中的好坏，不在于事物本身，而在于人的心态，正如王国维先生所说："以我观物，故物皆著我之色彩。"牢骚、抱怨满腹者，不妨换个角度看问题，让乐观的心态主宰自己，如此，收获的不仅仅是快乐的心情，还有意想不到的成功和喜悦。

波尔赫特是一位著名的话剧演员，从10多岁开始，她就一直活跃在世界戏剧舞台上，这一待就是50多年。不幸的是她71岁那年，她发现自己经营多年的公司因为某些不明原因突然破产了。更加不幸的是，在她乘船横渡大西洋时，因为不小心摔了一跤，导致腰部伤势很严重，而且引发了严重的静脉炎。人到老年，遭受了如此严重的双重打击，所有的人都认为她可能从此会一蹶不振，包括给她看病的医生在内，都不敢告诉她必须把双腿截去才能够使她化险为安。

可是又不得不告诉她，但事实却出乎所有人的意料。当医生把这个消息说出来的时候，波尔赫特注视着他，很平静地告诉他说："既然没有别的更好的办法，就选择截肢吧！您看什么时候合适就可以安排手术。"

手术那天，在把她推上手术台之前，波尔赫特高声朗诵着她曾经出演过的话剧中一段非常经典的台词，从她的脸上丝毫看不出一点悲伤的神色。旁边有人觉得很奇怪，于是问她说：

"你是否在通过朗诵台词来安慰自己呢？""不，"波尔赫特从容地回答说："我只是在安慰为我手术的医生和护士，他们真的是太辛苦了。"

手术很成功，医生说这与她积极乐观的心态是分不开的。后来，波尔赫特又顽强地坚持在世界各地演出，在舞台上又工作了整整七年。

既然环境已经无法作出改变，我们就应该试着改变自己的心态。如果你一味地看到问题的负面，就只能是郁郁寡欢，一事无成，最终成为人生的失败者。所以凡事多往好处想，换种心态看问题，你就能乐观地看待人生道路上出现的各种挫折和磨难。生活中不如意之事常有，如果你总是为一些不如意的事情担忧，那么你就永远也得不到快乐。因此，当你处境不好的时候，不妨换种心态看问题。

打开"心窗"，让心灵的空间豁然开朗

一栋房子如果没有窗户，再温暖的阳光也不能够照进来，再新鲜的空气也不能够飘进来。人也是一样，如果不打开"心窗"，定会觉得气闷；一旦"心窗"打开了，心灵的空间才会豁然开朗。

有姐妹二人，年龄不过四五岁，由于卧室的窗户整天都是紧闭着，屋内总是很阴暗，所以看见外面灿烂的阳光，就十分羡慕。姐妹俩就商量着说："我们一起把外面的阳光扫一点进来吧，这样就能够在屋子里也可以在阳光下面做游戏了。"于是，姐妹两个便拿起扫把和畚箕，到阳台去扫阳光。

等到她们把畚箕搬到房间时，里面的阳光却没有了。她们

这样一而再、再而三地扫了许多次,但始终是竹篮打水一场空,屋子里还是一点阳光都没有。正在厨房忙碌的妈妈看见她们奇怪的举动,好奇地问道:"你们在干什么呢?"她们俩异口同声地回答说:"我们扫一点阳光进来。"妈妈笑了,说:"傻孩子,你们只要把窗户打开,阳光自然就会进来了,何必去扫呢?"

我们的生活当中,有多少人的心门也如同那扇窗一样是紧闭着的,又有多少心灵没有感觉到阳光的温暖呢?人生无常,不如意事常有八九:工作不顺心,朋友闹别扭,夫妻有误会,孩子不争气,家人不理解,上司给脸色……

在这些阴暗晦涩的日子里,人们的心门被关得严严实实,不要说阳光,就连家人和朋友的温暖有时也被无情地关在了门外,自己所能感受到的只剩下阴冷和孤独。

此时,我们就应该学会打开自由的心灵之窗,让心灵也多点阳光进来,否则,心灵也会和暗室中的衣物一样,搁久了是会发霉的。如果适时地打开心灵之窗,心情就常常可以得到放松,便能够悠然地来享受生活所赐予我们的一切。同时,因为心灵之窗是开着的,烦恼和焦虑便常常会透过窗子远离我们而去。

有很多小浪花整天待在一片小湖里,当它们把湖中所有的地方以及伙伴之间所有的游戏都玩遍了以后,再也找不到可以让自己快乐的事情,它们开始觉得生活很烦恼。于是开始寻找快乐的方法,但是怎么也寻找不到。

一天,小湖外面的一朵大浪花跳进来,看见湖里的这群小浪花个个愁眉苦脸,无精打采,就问:"既然待在这么小的天地里,过得不快乐,何不出来和我一起到沙滩上去玩呢?那里有很多好玩的东西。"

小浪花们疑惑地问:"外面真的那么精彩吗?"

小湖外的大浪花说:"那当然,你们出来看看就知道了。快跟我走吧!"

小浪花们很激动,于是纷纷跳出小湖,跟着大浪花走了,它们想要看看外面的世界究竟是什么样子。它们跟着大浪花一起努力地向着沙滩冲去。一朵小浪花走着走着遇到一片漂泊的海藻,小浪花决定给它找一个好的安身之处。它在岸边跑了好远,把海藻留在了浅水的鹅卵石上。鹅卵石喊道:"谢谢你给我洗澡,真舒服呀!"小浪花很高兴,欢快地游走了。

另一朵浪花遇到很多贝壳,于是它抱了几个,轻轻地把它们放到沙滩上。一会儿,一个小男孩和他的妈妈来到海边,看见美丽的贝壳,高兴地捡起来玩,还说:"看那些小浪花真好,给我送来这么漂亮的礼物。"小浪花听了发出了愉快的笑声。

还有一朵身材高大的浪花,它努力地冲过了岸边的一块巨岩,来到一个小池子里,碰见很多颜色各异的小鱼,于是就和小鱼儿们玩了起来。临别时,鱼儿对小浪花说:"谢谢你为我们更换新鲜的海水,欢迎你下次再来。"

小浪花们在这片广阔的沙滩上忘情地玩耍,虽然很累,却很开心。因为它们看到了一个美妙的天地,交了很多的朋友,使自己的生活变得更有意义。打开自由的心灵之窗,你才会收获更多的快乐。就如同小浪花,只有走进自由的大世界,不受小湖的束缚,才能感受到生活的快乐一样。人的一生,如果让心灵之窗一直紧闭,则不管白天还是黑夜,心灵感觉到的就会永远是黑暗。而心灵之窗一旦打开,便能够使心灵与外界多了一些交流，便能够使心灵感受到更多的快乐。窗，仅仅是一扇窗而已，它却可以改变生活的色彩。

古人曾说："不如人意常有八九。"一般来讲，人的一生中处于逆境的时间是大大多于顺境的时间。即使是历史上的帝王将相，生活中的富豪、名人等，也都有各自的烦恼和忧伤。所以，我们在生活中必须要做到的是，时时打开自己的心窗，摆脱不良心境的影响，让自己的生活变得快乐幸福。

先处理心情，再处理事情

自由轻松的心情——这是瑞士表历经500年无对手的制胜法宝，也是瑞士手表奠基人塔·布克创造的奇迹。当年，塔·布克被捕入狱，在狱中他被安排制作钟表，但是无论他怎么努力，都不能够制造出误差低于1／100秒的钟表，可是他以前却能够做到。

起初，塔·布克把它归结为所处的环境。后来，在他越狱逃往瑞士日内瓦后，才发现真正影响钟表准确的不是制作钟表时的环境，而是制作钟表时的心情。他说："如果一个钟表匠处于不满和愤怒中，要想圆满地完成制作钟表所需的1200道工序，是绝对不可能的；在对抗和憎恨中，要精确地磨锉出一块钟表所需要的254个零件，更是比登天还难。"

这就是塔·布克富有真理的推论。可能很多人会对他的这一推论不以为然，他们认为事情和心情是两个完全不同的概念，是毫无关联的。但是作为一个有着复杂情感因素的人，许多时候，人的心情和事情是常常交织在一起的。当一个人的心情没有处

第十一章
路有多难，就有多勇敢

理好时，他的事情也常常会处理不好。反之亦然，如果心情处理好了，接下来的事情就容易处理多了。

美国心理学家弗洛姆做过这样的一个实验：他找了一些学生，并把他们带到一间黑暗的房子里。在他的引导下，几个学生很快就从桥上穿过了这间伸手不见五指的神秘房间。接着，弗洛姆打开房间里的一盏灯，在这昏黄如烛的灯光下，学生们才看清楚房间的所有布置。这一看全都睁大了眼睛，身上出了一身冷汗，个个目瞪口呆。原来，这间房子的地面就是一个很深很大的水池，池子里蠕动着各种毒蛇，包括一条大蟒蛇和三条眼镜蛇。

弗洛姆看着他们，问："现在，你们还愿意再次走过这座桥吗？"大家你看看我，我看看你，都不作声。过了片刻，终于有5个学生犹犹豫豫地站了出来。一踏上去就战战兢兢，如临大敌。

"啪"，弗洛姆又打开了房内另外几盏灯，学生们揉揉眼睛再仔细看，才发现在小木桥的下方装着一道安全网。弗洛姆大声地问："你们当中还有谁愿意现在就通过这座小桥？"学生们没有作声。"你们为什么不愿意呢？"

弗洛姆问道。"这张安全网的质量可靠吗？"学生心有余悸地反问。弗洛姆笑了："我可以解答你们的疑问了，这座桥本来不难走，可是桥下的毒蛇对你们造成了心理威慑，于是，你们就失去了平静的心态，乱了方寸，慌了手脚，表现出各种程度的胆怯。"

这个实验说明，某些事物可能会对我们的心态产生巨大的影响，在这种心态的影响下，在接下来办事情的过程中，人们也会不同程度地受到心态的左右。实验开始的时候，那些学生们之所以能够顺利地通过木桥，是因为心理学家没有把屋内恐怖的现象展示给他们，后来，当他们意识到桥下的危险时，首先在心理上就败下阵来了。通过实验我们可以看出，一个人的心情可以在很大程度上影响一个人办事的效率，现实生活中也的确如此。

一次，李先生到美国旅游，导游说西雅图有个很特殊的鱼市场，在那里买鱼是一种超级享受。李先生和一起来的朋友听了之后，十分好奇：买鱼怎么会是一种享受呢？于是决定前往那里看看。

那天，天气十分不好，还没有走到鱼市场，就闻到了从那里飘出来的鱼腥味。可是等走进之后，发现那里的鱼贩们个个都是笑容满面，他们甚至像合作无间的棒球队员，让冰冻的鱼像棒球一样，在空中飞来飞去，大家互相唱和："啊，5条鳍鱼飞往伊拉克去了。""8只蜂蟹飞到中国了，可能准备看长城吧！"阵阵欢声笑语中，李先生发现这里的鱼贩们都非常快乐。

李先生忍不住问及他们其中的缘由。有个鱼贩告诉他们说，几年前的这个鱼市场本来也是一个没有生气的地方，大家整天抱怨，后来，大家认为，与其每天抱怨沉重的工作，不如改变自己的心态。于是，他们把卖鱼当成一种艺术。再后来，一个创意接着一个创意，一串笑声接着另一串笑声，他们成为鱼市场中的奇迹。

鱼贩接着说，大伙练久了，人人身手不凡，可以和马戏团演员相媲美。

这种工作的气氛还影响了附近的上班族，他们常到这儿来和鱼贩用餐,感染他们乐于工作的好心情。

有时候,鱼贩们甚至还会邀请顾客参加接鱼游戏。即使怕鱼腥味的人,也很乐意在热情的掌声中一试再试,意犹未尽。每个愁眉不展的人进了这个鱼市场,都会笑逐颜开地离开,手中还会提满了情不自禁买下的不少鱼,同时,他们也悟出了不少生活的哲理。

也正是因为有了好心情,这些鱼贩们才能生活得怡然自乐,并且把自己的事情处理得很好,同时也把这种快乐感染给周围的人。的确,人们办事情成功与否与心情好坏有着极大的关系。但是这一点却常常被人们所忽视,他们常常只针对事情处理事情,却把办事情时的心情忘得一干二净。心理学家告诉我们,先处理心情,再处理事情,事情办起来常常会容易得多。

毫无疑问,一个人如果没有好的心情,要想把事情办成,可能性会很小。忽视心情对人生的影响看似无关大局,而实际上,心情已经在无形中影响到了你的行动。所以,学会时时处处保持一份好心情吧!

无论生活曾经给予了我们什么,还是生活曾经使我们失去什么,我们都应该用博大的胸怀和豁达的心灵,去容纳痛苦和洞察欢乐。既然选择了生存,就应该快乐地活着,即使日子很苦,也要保持乐观的心态,再苦也要笑一笑。

戒骄戒躁,走稳每一步

浮躁,现代社会的流行词语,在王菲的专辑《浮躁》、贾平凹的小说《浮躁》问世的同时,它也开始悄然流行起来。词典里对浮躁的定义为:"急躁,不沉稳。"人难免都会有浮躁的时候,但是长时间地处于浮躁的状态之中,它就是一种病态心理了。实际上,在当今社会,这种病态心理的表现是越来越严重。但一个人如果想要取得成功,就必须静下心来,摆脱速成心理的引诱,一步一个脚印地走下去,才能稳步走向自己的成功之路。

一个生活很失意的年轻人,觉得生活没有意思,认为自己空有一身"武艺"而没有用武之地,因为单位领导从来没有给过他展示"武艺"的机会。他感到生活非常郁闷,无聊和急躁时刻困扰着他的内心,使他不能够安心工作。于是他千里迢迢地来到普济寺,慕名寻到老僧释圆,沮丧地对他说:"人生不如意,活着也是苟且,有什么意思呢?"

释圆静静听完了年轻人的絮叨和叹息,最后才吩咐一个小和尚说:"施主远道而来,烧一壶温水送过来。"稍顷,小和尚送来了一壶温水,释圆抓了茶叶放进杯子,然后用温水沏了,放在桌子上,微笑着请年轻人喝茶。杯子冒出微微的水汽,茶叶静静地在水面上浮着。年轻人不解地问道:"师父泡茶怎么用温水?"

释圆笑而不语。年轻人于是端茶品尝,喝后不由得摇摇头:"怎么连一点茶香都没有呢?"释圆说:"怎么可能,这可是闽地名茶铁观音啊。"年轻人又端起杯子细品,然后肯定地说:"真的没有一丝茶香。"

释圆于是又吩咐小和尚说"再去烧一壶沸水送过来。"少顷,小和尚便提着一壶冒着浓浓白汽的沸水进来。释圆起身,又取过一个杯子,放茶叶,倒沸水,再放在茶几上。年轻人俯首看去,

第十一章
路有多难，就有多勇敢

茶叶在杯子里上下沉浮，丝丝清香不绝如缕。

年轻人欲去端杯，释圆作势挡开，又提起水壶注入一线沸水。茶叶翻腾更厉害了，一缕缕醇厚醉人的茶香袅袅升起，在禅房中弥漫开来。释圆如是注了五次开水，杯子终于满了，那绿绿的一杯茶水，端在手上清香扑鼻，入口沁人心脾。

释圆笑着问："施主可知道，同是铁观音，为什么茶味迥异吗？"年轻人思忖着说："一杯用温水，一杯用沸水，冲沏的水不同。"

释圆点头："用水不同。温水沏茶，茶叶轻浮水上，怎会散发清香？沸水沏茶，反复几次，茶叶在沉沉浮浮中释放出四季的风韵，既有春的幽静和夏的炽热，又有秋的丰盈和冬的凛冽。世间芸芸众生，又何尝不是沉浮中的茶叶呢？那些不经风雨的人，就像温水沏的茶叶，只在生活表面漂浮，根本浸泡不出生命的芳香，而那些栉风沐雨的人，如被沸水冲沏的酽茶，在沧桑岁月里几度沉浮，才有那沁人的清香啊！所以摆脱失意最好的办法就是踏踏实实地提高自己办事的能力，而且不要急躁，沸水煮茶还须沸水不断地注入，否则茶香也一样不够。"

浮生若茶，命运又何尝不是一壶温水或炽热的沸水呢？茶叶因为沉浮才释放了本身深蕴的清香，而生命也只有遭遇一次次挫折和坎坷，然后踏踏实实地做好眼前的工作，才会激发出人生那脉脉幽香。

年轻人恍然大悟，以后的日子里，他戒骄戒躁，踏踏实实，知道了凡事必有一个沉淀的过程，而在这个沉淀的过程中，就要看你能否耐得住寂寞。一段时间以后，他由于工作业绩显著，得到了单位领导的重视，职位也有了很大的提升。

茶香还须沸水煮，做事要下真功夫。如果一味地抱有浮躁的心态，就如同在温水中沏茶，根本就不会显示出茶的奥妙。人也一样，做事之前先要把心放稳，不要妄想"天上会掉馅饼"，只要端正态度，勤奋努力，自然就可以获得成功。

　　不可否认，谁都想获得成功，谁都想在三年五载内挣够500万或者1000万，谁都梦想成为李嘉诚或者比尔·盖茨……但这些不是靠快餐计划就可以解决的。一个情绪浮躁的人，是任何时候都成就不了大业的。所以，只有放下浮躁的心态，一步一个脚印，踏踏实实地实现人生中的每一个目标，才能最终取得人生的成功。

　　荀子曰："锲而不舍，金石可镂。锲而舍之，朽木不折。"闻名于世的人之所以成功，在于他们能够将全部的精力放在一个目标上。很多人尽管很聪明，但是心存浮躁，做事不用心，没有意志与恒心，最后只会一事无成。所以，在实际生活中，我们遇事要从现实出发，善于思考，不能只跟着感觉走。要站在一定的高度看问题，做一个实在的、有境界的人。克服浮躁，脚踏实地，有容乃大，戒骄戒躁，一步一步地走过人生。

纯真是心灵美的极致

　　人间之事，无非善与恶。一个人是否行善或行恶，就在于他是否有一颗纯真的心。为什么小孩子不会做大恶的事情，行恶的往往都是成年人？因为，孩子的心是纯真的，他们喜欢好人，崇拜英雄，而对那些大恶人却深恶痛绝，对他们做的恶事更是感到愤恨，在他们心里，做人就应该做好人。有了纯真之心，

第十一章
路有多难，就有多勇敢

便有了善良、有了怜悯、有了爱心。

男孩的父母早逝，从小和妹妹相依为命，妹妹是他唯一的亲人，所以男孩爱妹妹胜过爱自己。

然而灾难再一次降临在这两个不幸的孩子身上。妹妹染上重病，需要输血。但医院的血液太昂贵，男孩没有钱支付任何费用，尽管医院已免去了妹妹的手术费，但不输血妹妹仍会死去。庆幸的是，作为妹妹唯一的亲人，男孩的血型和妹妹相符。医生问男孩是否勇敢，是否有勇气为妹妹捐血。男孩一开始犹豫，10岁的大脑经过一番思考，终于点头。

抽血时，男孩安静地不发出一丝声响，只是向着邻床的妹妹微笑。抽血完毕后，男孩声音颤抖地问："医生，我还能活多长时间？"

医生正想笑男孩的无知，但转念间又被男孩的勇敢震撼了：在男孩10岁的大脑中，他认为输血会失去生命，但他仍然肯输血给妹妹。在那一瞬间，男孩所作出的决定是付出了一生的勇敢，并下定了死亡的决心。

医生的手心渗出汗，他紧握着男孩的手说："放心吧，你不会死。输血不会失去生命！"

男孩眼中放出了光彩："真的？那我还能活多少年？"

医生微笑着，充满爱心地说："你能活到100岁，小伙子，你很健康！"

男孩高兴得又蹦又跳。他确认自己真的没事时，就又挽起胳膊——刚才被抽血的胳膊，昂起头，郑重其事地对医生说："那就把我的血抽一半给妹妹吧，我们两个每人活50年。"

这不是孩子无心的承诺，这是人类最无私、最纯真的诺言。

孩子的爱，有时更加纯洁和感人，孩子纯真的力量体现着这个社会整体的善良和关爱。生活在繁忙的大都市里，人人都要为自己的前途而不断学习、工作……

整天都在忙忙碌碌，都在为欲望而东奔西跑。渐渐地，欲望占领了人们的心灵，它肆无忌惮地霸占"领土"，原本纯洁的"净土"变成了欲望的疆域。当我们逐渐长大，不再保有孩子的纯真，青春、欢笑、自由与向往渐渐远去，我们彼此责怪、相互憎恨、斗争……是我们的平庸、冷漠、虚伪、贪婪让生命变成一连串不和谐的音符。

我们不能被欲望所主宰，我们的内心要努力保持纯真。内心深处的那一方净土，需要我们去捍卫，同时，我们又要学会去享受它，享受它带给我们的快乐。人越成长，阅历越多，也就变得越世故。但纯真的心灵是不能随着岁月的流逝而消失的，因为我们越成长，就越需要它为我们越来越世故的人生添上几朵纯白的云。总之，心灵美，莫过于纯真；换言之，纯真是心灵美的极致。

闯过生命的难关

每个人对人生都有自己独特的诠释，是追求，是执着……但有一点永远不会变：人生是成败交替的综合体，是得失兼容的五味瓶，想要真正读懂人生，必须先读懂失败、不幸、挫折和痛苦。

独步人生，我们会遇到种种困难，甚至举步维艰，悲观失望。征途茫茫，有时看不到一丝星光；长路漫漫，有时走得并不潇

第十一章
路有多难，就有多勇敢

洒浪漫。这时，给自己一个笑脸，让源于心底的那份执着，鼓舞着自己插上乘风的翅膀飞过千山万水；让来自于远方的呼唤，激励着自己带着生命闯过难关。

晴空万里，一架民航客机在蓝天白云之间平稳飞行。突然，客机抖动不止，越来越难以操纵。机组人员明白，应该是出现了机械故障。

机组人员想尽一切办法排除机械故障，但没有成功。在他们奋力排除故障的同时，不得不用广播播出这个意外的坏消息："各位乘客，飞机出现了一点小毛病，请相信我们，我们完全有把握修好。但是，为了防备万一，请各位写好留言，做好被迫跳伞的准备……"

乘客们听后十分惊恐，几乎都预感到情况不妙。在空中小姐的指导和帮助下，乘客们抓紧时间做着面临空难的一切准备。

在那么多惊慌失措的乘客中，有一位老太太表现得格外安详，稳稳地坐在自己的座位上。有一个乘客发现了她并感到很震惊，心想："哎哟，她的境界真是太高了！命都快没了，怎么还能如此泰然，难道她听不到广播？"

尽管飞机的故障没有彻底排除，但还是化险为夷，平安迫降在途中的一个临时机场上。大难不死的乘客，个个如释重负般地走下飞机。有的乘客深有感触地对采访的记者说："哇！我活了！我获得了第二次生命！我要好好地过日子！我要……"

此时，刚才那个乘客一转身，又看到了那个老太太，她正神态自若地走下舷梯，脸上一点惊喜的表情都没有。这位乘客心想："我吓得半死的时候，她却若无其事；我庆幸生还的时候，她却不动声色，这是什么样的境界啊？"

233

她真是太让人难以理解了!"于是,他走过去对老太太说:"我想问一问,刚才我们所有的人都经历了与死神擦肩而过的考验,但您却始终如一的安详、镇定。都说女人是最柔弱的,可您的表现实在是让我感到震惊。您能不能告诉我是什么原因?"

老太太微笑着说:"我有两个女儿,大女儿几年前去世了,今天我是乘飞机看我的二女儿去。当时飞机上播了这条不幸的消息之后,我就想:如果飞机能平安到达,我就如愿以偿地看我的二女儿;如果万一飞机失事,那我就改道去天国看我的大女儿。不管是什么结果,总能看到一个女儿,我还有什么可怕的呢?这个世界上,女人是最柔弱的,但母亲却是最坚强的。"

这位乘客听后由衷地说:"老人家,您的心态就像灿烂的阳光一样。一个人如果达到您的境界,就不会有什么事情想不开了。"

人生不如意,十之有七八。决定幸与不幸、快乐与痛苦的,不是我们的处境,而是我们的心态。不管发生了多么令人不愉快的事情,都要保持阳光心态,勇敢面对,与生活讲和。既能接受事实、享受事实,又能善待自己、善待别人。有一句话值得记住:积极的心态像太阳,照到哪里,哪里亮;消极的心态像月亮,初一十五不一样。

好的心态让你成功,坏的心态毁灭你自己。我们改变不了事情,却可以改变对事情的态度。一个人因为发生的事情所受到的伤害,不如他对这个事情的看法更重要。事情本身不重要,重要的是人对这个事情的态度。态度变了,事情就变了,结果也会跟着改变。

第十一章
路有多难，就有多勇敢

人与人之间存在差异，最大的差异就是心态，因为心态可以导致人生惊人的不同。我们生活在世上，经历的不都是高兴的、快乐的事情，也会有诸多不尽如人意的事情，或喜或悲，或苦或甜。对我们来说，快乐是一种角度，痛苦和悲伤是生活的自然组成部分。拥有快乐的生活就是拥有幸福，所以我们要学会快乐生活，远离痛苦、远离悲哀。

塑造阳光心态，就是要有足够的自我安全感，不要诚惶诚恐，瞎忙一气，到头来一团糟。要了解自己，正确把握自己和评价自己，不能觉得自己比谁都强，比谁都好，而看不起别人；也不能自大自傲，轻视他人。学会在生活中不断地发现美，努力去欣赏别人、欣赏生活。尽管生活理想与现实相差太远，但要在灰暗中看到光明、看到希望，积极的心态会使我们朝着心中的目标去努力。

好心情才能欣赏好风光，好花在有好心赏。你的内心是一团火，才能释放出光和热，你的内心是一块冰，就是化了也还是零度。"人之幸福在于心之幸福"，我们不妨打开心灵的窗户，让温暖的阳光植根于我们的心田。

换种心境，换一种生活

每个人都希望自己生活得快乐。快乐不是别人给的，而是来自于自己内心的感受。不同的人对同一件事有不同的心态，因而便产生不同的结果。幸福快乐的秘密在每个人的心中，每个人都具备使自己幸福快乐的资源，只是许多人没有把这些"幸福快乐的资源"运用好，因而感到不快乐。

传说在某一天,上帝和天使们召开了一个头脑风暴会议。上帝说:"我要人类在付出一番努力之后才能找到快乐,我们把人生幸福快乐的秘密藏在什么地方比较好呢?"一位天使说:"把它藏在高山上,这样人类肯定很难发现,就算要找到快乐,也要付出很多努力。"上帝听了摇摇头。另一位天使说:"把它藏在大海深处,人们一定发现不了。"上帝听了还是摇摇头。又有一位天使说:"人们总是向外去寻找自己的幸福快乐,而从来没有人会想到在自己身上去挖掘幸福快乐的秘密。我认为把幸福快乐的秘密藏在人类的心中比较好。"上帝听后微笑着点点头,表示对这个答案非常满意。从此,幸福快乐的秘密就藏在了每个人的心中。

快乐只是内心的一种感受,它取决于人的心态。拥有了一颗快乐的心,你就会发现,快乐是无处不在的。歌德夫人说过:"我之所以高兴,是因为我心中的明灯没有熄灭。道路虽然艰难,但我却不停地求索我生命中细小的快乐。如果门太矮,我会弯下腰;如果我可以挪开前行时路上的绊脚石,我就会去动手挪开;如果石头太重,我可以换一条路走。我在每天的生活中都可以找到高兴的事情。"

有一个小女孩每天都从家里走路去上学。一天早上天气不太好,云层渐渐变厚,到了下午时风吹得更急,不久便开始闪电、打雷、下大雨。小女孩的妈妈很担心女儿会被雷声吓着,甚至被雷击到。雷雨下得越来越大,闪电像一把锐利的剑刺破天空,小女孩的妈妈赶紧开着自己的车,沿着上学的路线去找小女孩。她看到自己的小女儿一个人走在街上,每次有闪电时,都停下脚步,抬头往上看并露出微笑。看了许久,妈妈终于忍不住叫

住她的孩子,问她说:

"你在做什么啊?"她说:"上帝刚才帮我照相,所以我要笑啊!"

一个人拥有快乐才会生活得惬意,没有快乐的人生是枯燥乏味的人生。

一个人能不能快乐,完全取决于自己对待生活的态度,取决于自己的选择。每个人都有选择快乐或者不快乐的权利。所以,我们完全可以让自己快乐起来。

幸福快乐的人所拥有的思想和行为能力,都是经过一个过程培养出来的。在开始的时候,他们与其他人所具备的条件是一样的。我们可以靠改变思想去改变自己的情绪、行为,从而改变自己的人生。我们每天遇到的事物都包含成功快乐的因素,取舍全由个人决定。所有事情和经验里面,正面和负面的意义同时存在,把事情和经验转为绊脚石或者是踏脚石,由你自己决定。

只要保持快乐的心态,我们的生活就会变得多姿多彩、轻松惬意。事实上,在生活中遇到困难和不如意在所难免,快乐与否完全靠的是一种心态,关键是如何用良好的心态来克服困难和对待不如意。相信自己有能力或凡事皆有可能,是对自己幸福快乐最有效的保证。生活中的苦乐全在于我们的感觉,凡能变更心境者就能变更生活。

怎么快乐怎么来

我们大都会经过这样一个特殊的年龄段，由于年轻而缺少丰富的人生阅历和社会经验，再加上来自社会激烈竞争和各方面太多的负担和压力，使得我们往往不确定自己的人生方向，在别人的引导和要求下迷失了自我。

每天我们都会听到各种评论："你不能这样做啦"，"你哪儿又不对啦"……我们总是在别人的评价中打转，为了迎合别人的口味而不断改变自己，到最后才发现，自己变得什么也不是，因为自己不可能做到完美，结果迷失了自我。

现代人常把自己的思绪搞得一团糟，却很少有人进行必要的自我调节。

在这种混乱的生活状态中，人的内心渐渐失去平衡，变得没有条理，生活的目的也跟着盲目起来。不知道自己所为何来，也不知道自己终将怎样。想法很多，却不知从何着手，思维混乱，长久下去便会产生心理疾病，从而影响健康。美国一位著名心理学家认为：现代人因为迷失和淹没在各种目标中，心里很容易产生挫折感和种种焦虑，甚至不快，所以活得很累。

人如果总是这样，就没有幸福可言，并会失去最主要的东西，丢掉眼前的一些机会，变成"为明天而明天"的生活痛苦者。在现实生活中，生存就像不停地走在十字街头，在迷惑的十字街头徘徊很容易迷失方向，坚定自己的想法和信念，凭着执着的信念勇敢地向前走，就算跌倒也不要放弃。

有两个学生拜弈秋为师学习下棋。其中一个学生每次听课都全神贯注，一心一意地听弈秋讲解棋道；而另一个学生虽然很聪明，但上课时总是心不在焉，三心二意。今天想学下棋，明天又想学画画，不时便有新想法冒出来。一次上课时，有一群大雁从他们头上飞过，那个专心学棋的学生连头都没有抬一下，浑然不觉，而心不在焉的学生虽然看着也像是在那里听，但心里却想着拿了箭去射大雁，梦想着有一天要做一名出色的弓箭手。若干年后，那位专心致志的学生成了一名出色的棋手，而另一位呢，却一事无成。

  大多情况下，人们对生活的迷失都是由所要或所想太多，而又一时达不到目标造成的。这种想法使很多人不能将精力专注于一项事业，目标太多，反而会错过许多近在眼前的景色，失去了一些可以马上抓住的机会。人无法专注于一处，总是做着这件事，又想着那件事，结果什么都做不好。

  内心的挫折感不断加大，只能是脚步匆匆，再也没有宁静。

  一个人的精力是有限的，把精力分散在好几件事情上，不但不是明智的选择，而且是不切实际的考虑，因为在通常状况下，这几件事情都不会做得很好。而如果每次专心地只做好一件事，精力便能够集中，也必定有所收获。等这件事做完后，再去做下一件事，这样每一件事都能够做得很好。

  只要我们一次只专心地做一件事，全身心地投入并积极地希望它成功，这样我们就不会感到精疲力竭。不要让我们的思维转到别的事情、别的需要或别的想法上去，专心于我们正在做着的事，选择最重要的事先做，把其他的事放在一边。做得少一点，做得好一点，我们就会得到更多。所以，不要再胡思乱想，偏离正确的人生轨道，把精力集中在最能让自己快乐的事情上。

勇敢地背负人生前行

现实生活中人们总有许多做不完的事，每天似乎只有一个字，那就是"忙"，忙得焦头烂额、顾此失彼；在无休止的忙碌中，白发一天天见长，皱纹一天天增多，肩头的担子，也一天比一天沉重，于是，便时常为生活的重负而苦恼、烦躁、闷闷不乐。

世上本无事，庸人自扰之。生活中本来就充满酸甜苦辣，生而为人自然要体味百味人生。在人生中，不应该逃避生活，在奋斗的过程中应保持一颗平常心，坐看云起，一任沧桑，就会活得惬意。

人生本是一场旅行，谁也买不到回程票，何不让一切随缘，不去想能不能回到出发地或是上一个车站所错过的风景，而是用心地欣赏窗外的好风光。

一个人觉得生活很沉重，便去见哲人柏拉图，以寻求解脱之道。柏拉图在听了他的苦恼以后，给他拿了一个竹篓，指着一条铺满沙砾的道路对他说："你每走一步就拾一块自己喜欢的石头放进去，看看有什么感觉。"那人开始遵照柏拉图所说的去做，柏拉图则快步走到路的另一头。

过了一会儿，那人走到路的尽头，柏拉图问他有什么感觉。

那人说："越往前走，让人喜欢的石子越多，背篓也越来越沉重。"

柏拉图微笑着说："年轻人，我们每个人来到这个世界的时候，都背着一个空空的篓子。然而，随着我们逐渐长大，喜欢的东西也越来越多。我们每走出一步，就要从这个世界上捡一样喜欢的东西放进背篓。结果走得越远，背篓里的东西就越多，这就是你觉得生活的负担越来越重的原因。"

那人问:"有什么办法可以减轻这些的沉重负担?"

"要减轻这份沉重其实很简单,你只要把工作、婚姻、家庭、朋友等其中任何一样东西拿出来,背篓都会减轻重量。"柏拉图又反问他,"那么,你愿意把哪一样东西拿出来呢?"

那个人听后沉默不语。

柏拉图说:"既然难以割舍,那就不要想背负的沉重,而去想拥有的欢乐。我们每个人的篓子里装的不仅仅是上天对我们的恩赐,还有责任和义务。当你感到沉重时,也许你应该庆幸自己不是另外一个,因为他的篓子可能比你的大多了、也沉重多了。这样一想,你的篓子里不就拥有更多的快乐了吗?"

那人听后恍然大悟。

人人都有一个背篓,背篓里装着我们所拥有的东西,我们还会因需求的增长而不断地在背篓中增添内容。背篓给了我们压力,但这个压力我们必须承担,因为那是我们的责任所在。

人生本就不是一次享受之旅,既然选择了生活,就应该直面生活道路上的坑坑洼洼,就应该勇敢地背负人生的背篓。

我们装进背篓里的是我们在生命的历程中,在这个世界寻找来的工作、爱情、家庭和友谊等许多令我们魂牵梦系、难舍难分的"东西"。就是因为这些舍去不了的"沉重",才让我们感到生命的丰富,才让我们感到了生命的充实,才让我们感到了生命的美好。所以,当我们感受到生活的沉重时,应该感到庆幸和满足。因为沉重的背后,必然是生活的丰硕和人生阅历的增多。

人生的背篓,所承担的,永远是一种幸福的重量。那就让我们毅然背起背篓,在人生的道路上做快乐的旅行吧!